"十四五"职业教育国家规划教材

"十三五"职业教育国家规划教材

工程测量实训指导手册

GONGCHENG CELIANG SHIXUN ZHIDAO SHOUCE

梁永平　主　编

袁维红　严丽萍　副主编

U0310300

中国铁道出版社有限公司
CHINA RAILWAY PUBLISHING HOUSE CO., LTD.

内 容 简 介

本书根据国家最新发布的测量规范和标准，结合现阶段工程测量技术专业及土建类专业的教学要求编写，体现了工程测量课程教学改革的最新成果。本书主要包括基础测量、控制测量、地形图测绘、线路测量、施工测量、全站仪使用测量以及 GNSS 应用测量等模块，包含 59 个实训项目。本书涵盖了现阶段工程测量技术专业及土建类专业开展的所有项目，每个项目均包含了目的要求、准备工作、要点及流程、注意事项、考核评分标准和练习题等内容，使学生做到"做中学、学中做"，提升实际动手和应用能力。

本书可供高职高专工程测量技术专业和土建类相关课程的实训教学使用，也可作为项目教学法的教材或参考书和工程技术人员的自学参考书。

图书在版编目（CIP）数据

工程测量实训指导手册/梁永平主编．—北京：中国铁道出版社，2018.2（2023.8重印）
高等职业教育土建类专业"十三五"规划教材
ISBN 978-7-113-24089-9

Ⅰ．①工… Ⅱ．①梁… Ⅲ．①工程测量-高等职业教育-教学参考资料 Ⅳ．①TB22

中国版本图书馆 CIP 数据核字（2018）第 028529 号

书　　名：工程测量实训指导手册
作　　者：梁永平

策　　划：潘晨曦	编辑部电话：（010）63560043
责任编辑：李露露	
封面设计：付　巍	
封面制作：刘　颖	
责任校对：张玉华	
责任印制：樊启鹏	

出版发行：中国铁道出版社有限公司（北京市西城区右安门西街 8 号，邮政编码 100054）
网　　址：http://www.tdpress.com/51eds/
印　　刷：三河市宏盛印务有限公司
版　　次：2018 年 2 月第 1 版　　2023 年 8 月第 6 次印刷
开　　本：787 mm×1 096 mm　1/16　印张：12.25　字数：298 千
书　　号：ISBN 978-7-113-24089-9
定　　价：35.00 元

前　言

工程测量实验、实习，是学生学习工程测量相关课程的重要环节，特别是在培养学生独立工作、提高动手能力方面起着显著作用。本书是针对土建类及工程测量技术专业的学习特点而编写的配套实验、实习教材，与相关课程内容紧密结合、相互衔接，是工程测量教学中必不可少的教学用书。

本书以实用为目的，书中共有基础测量、控制测量、地形图测绘、线路测量、施工测量、全站仪使用测量及 GNSS 应用测量等模块共 59 个实训项目，兼顾各学校对项目教学开设的情况，选取了多个实验内容，其中有些可以根据专业情况选做。每个项目均指明了目的要求、准备工作、要点及流程、注意事项等，并针对项目内容提出考核评分标准，均需学生做过相应项目后完成，这样可进一步帮助学生理解和巩固项目内容。实验、实习结束后要求学生做练习题或提交实验报告。

本书立足于职业教育类型定位，严格契合党的二十大报告提出的"产教融合、科教融汇"的要求，以技术技能型人才培养为目标，不拘泥于知识体系，将知识融入到项目过程中，较好地解决了理论与实践脱节的问题，实现了"知行合一""教学做合一"。

本书可以作为高职高专工程测量技术专业和土建类相关专业的配套教材或参考用书，用于帮助学生加强测量技能的训练，培养学生独立思考和实际动手能力；也可以作为单独的教材使用，以项目教学的形式进行相关教学。

本书由兰州石化职业技术大学梁永平任主编，兰州石化职业技术大学袁维红、兰州铁路技师学院严丽萍任副主编。本书在编写过程中得到学院领导及老师的支持和协助，在此一并表示衷心的感谢！

由于编者水平有限，加之时间仓促，书中疏漏与不足之处在所难免，恳请广大读者提出宝贵意见。

编　者
2022 年 11 月

导　学

党的二十大报告提出"优化基础设施布局、结构、功能和系统集成，构建现代化基础设施体系"、"提高城市规划、建设、治理水平，加快转变超大特大城市发展方式，实施城市更新行动，加强城市基础设施建设"、"加快建设制造强国、质量强国、航天强国、交通强国、网络强国、数字中国"。在现代化的社会进程中，公共基础设施的规划和建设是人们生活的利益的根本，必须依靠精确的测量才能有效地进行科学合理的工程勘察工作，并完成所有基础设施和规划环节。工程测量技术作为服务于国家基础设施建设中工程建设的一种测绘技术，在整个工程的建设中占有重要的地位。随着技术水平和信息技术的发展，现代工程测量技术不仅在应用范围和精度上有了很大的提高，而且在覆盖区域范围上也得到了快速的发展。

应用型、技术技能型人才的培养，不仅直接关乎经济社会发展，更是关乎国家安全命脉的重大问题。根据《中国地理信息产业发展报告（2022）》显示，2021年，我国地理信息产业产值达 7524 亿元，同比增长 9.2%，规模继续扩大，结构持续优化，基础不断增强，创新成果丰硕，展现出很强的发展韧性。工程测量作为测绘地理信息产业的其中一个重要分支，其人才培养、技术更新对于行业的发展也极其重要。加快培养大批高素质工程测量劳动者和技术技能人才，提升人才质量，是对党的二十大提出的"加快建设国家战略人才力量，努力培养造就更多大师、战略科学家、一流科技领军人才和创新团队、青年科技人才、卓越工程师、大国工匠、高技能人才"的积极响应，对于助力我国测绘地理信息产业转型升级意义重大。

当代行业对工程测量技术人员的要求是全方位的，不仅要求其技术能力过关，还需要其具备良好的身体素质与职业操守。在工作中应当具备吃苦耐劳、踏实肯干的精神，与同事相处需要做到诚实守信、与人协作，在个人素养方面要懂得法律、重视安全、热爱职业。作为以后从事工程测量的技术技能人员，专业对其实践能力的要求相对较高，同时根据现代人才培养标准的角度来看，当前社会在人力资源诉求方面也释放出了明显的重视技能型人才的信号。随着科学技术的进步，新兴设备、高科技手段、新理论的不断涌现，其在工程测量中的应用范围也不断增加，这在很大程度上提升了我国的测绘水平，只有相关工作人员提升自身的实践能力和加强新技术的应用，才能够为工程测量领域作出更大的贡献。

目　录

模块 0
测量实习须知

一、测量实习规定

工程测量是非常重要的一门课程，除了要掌握基本的测量理论之外，更重要的是要学会测量理论的应用和测量仪器的使用。在学习过程中，其最鲜明的特点是理论与实践相结合，即在掌握基本的测量理论的同时，还要熟练掌握测量操作技能，这就要求我们在实习之前：

（1）仔细阅读本指导手册中的相应部分，明确实习的内容及要求，初步了解实习方法。

（2）及时复习教材中的相关章节，弄清基本概念，以明确目的，了解任务，熟悉实习步骤和实习过程，注意有关事项，并准备好所需文具用品。

（3）实习分小组进行，老师组织负责组织协调工作，办理所用仪器工具的借领和归还手续。

（4）必须遵守本指导手册的"测量仪器工具的借领与使用规则"和"测量记录与计算规则"。

（5）实习应在规定的时间进行，不得无故缺席或迟到早退；应在指定的场地进行，不得擅自改变实习地点或离开实习现场。

（6）服从实习指导教师的指导，严格按照本指导手册的要求认真、按时、独立地完成任务。每项实习都应取得合格的成果，提交书写工整、规范的实习报告和实习资料，经指导教师审阅同意后，才可交还仪器工具，结束实习。

（7）在实习过程中，应遵守纪律，爱护实习场地的花草、树木和农作物，爱护周围的各种公共设施，如随意砍折、踩踏或损坏者应予赔偿外，还要视情节轻重给予纪律处分。

（8）在实习中要团结互助，注意仪器安全和人身安全。

二、测量仪器工具的借领与使用规则

对测量仪器工具的正确使用、精心爱护和科学保养，是测量人员必须具备的素质和应该掌握的技能，也是保证测量成果质量、提高测量工作效率和延长仪器工具使用寿命的必要条件。在仪器工具的借领与使用过程中，必须严格遵守下列规定：

（一）仪器工具的借领

（1）每次实习所需的仪器及工具均在指导手册上说明，学生应以小组为单位，在实习前由实习指导教师带领，向仪器室借领。

（2）借领时由实习指导教师带领每组组长领取仪器，班长负责登记，由指导教师签字确

1

认，然后将登记表交由仪器管理人员保管。

（3）借领时应该当场由实习指导教师检查清点，检查仪器是否与清单相符，检查仪器工具及其附件是否齐全，检查背带及提手是否牢固，检查脚架是否完好等。如有缺损，可以补领或更换。

（4）离开借领地点之前，必须锁好仪器并捆扎好各种工具。搬运仪器工具时，必须轻取轻放，避免剧烈震动。

（5）借出仪器工具后，不得擅自向其他小组调换或转借。

（6）实习结束，应及时收装仪器工具，送还测量仪器时仪器室需检查验收，办理归还手续。如有遗失或损坏，应写书面报告说明情况，并按有关规定给予赔偿。

（二）仪器的安置

（1）在三脚架安置稳妥后，方可打开仪器箱。开箱前应将仪器箱放在平稳处，严禁托在手上或抱在怀里，以免将仪器摔坏。

（2）打开仪器箱之后，要看清并记住仪器在箱中的安放位置，避免实习结束后因安放不正确而损伤仪器。

（3）从箱内取出仪器前，应先松开制动螺旋，以免取出仪器时因强行扭转而损坏制动、微动螺旋甚至损坏轴承。再用双手握住支架和基座，轻轻取出仪器放在三脚架上，保持一手握住仪器，一手拧连接螺旋，最后旋紧连接螺旋，使仪器与脚架连接牢固。严禁一只手提仪器，更不能手提望远镜。

（4）安置好仪器之后，注意立即关闭仪器箱盖，防止灰尘、湿气和杂草进入箱内。

（5）实习过程中严禁坐在仪器箱上。

（三）仪器的使用

（1）仪器安置之后，无论是否操作，必须有人看护，防止无关人员搬弄或被其他车辆碰撞，造成不必要的损坏。

（2）在打开物镜时或在观测过程中，如发现灰尘，可用镜头纸或软毛刷轻轻拂去，严禁用手指或手帕等物品擦拭镜头，以免损坏镜头上的镀膜，影响成像质量。

（3）转动仪器时，应先松开制动螺旋，再平稳转动。使用微动螺旋时，应先旋紧制动螺旋再微动。

（4）制动螺旋应松紧适度，以起作用为宜，不能用力太大而造成损坏。微动螺旋和脚螺旋不要旋到顶端，使用各种螺旋都应均匀用力，以免损伤螺纹。

（5）在野外使用仪器时，应该撑伞保护，严防日晒雨淋。

（6）发现仪器故障时，及时向指导教师报告，不得擅自处理。

（四）仪器的搬迁

（1）在远距离或行走不便的地区（较大的沟渠，山地、林地等）搬站时，必须将仪器装箱之后再搬迁，切勿直接抱着仪器搬迁。

（2）短距离搬站时，可将仪器连同脚架一起搬迁。其办法是：检查并旋紧仪器连接螺旋，松开各制动螺旋使仪器保持初始位置（经纬仪望远镜物镜对准度盘中心，水准仪的水准器向上）；在收拢三脚架，左手握住仪器基座或支架放在胸前，右手抱住脚架放在肋下，保持仪器向上方倾斜，稳步行走。严禁将仪器斜扛在肩上或单手搬动仪器，以防碰摔。

（3）搬迁时，小组其他人员应协助观测员带走仪器箱和其他附件、工具，以防丢失。

（五）仪器的装箱

（1）每次使用仪器之后，应及时清除仪器上的灰尘及脚架上的泥土，并将物镜盖盖好。

（2）仪器拆卸时，应先将仪器脚螺旋调至中间位置，再一手扶住仪器，一手松开连接螺旋，双手取下仪器。

（3）仪器装箱时，应先松开各制动螺旋，使仪器就位正确，试关箱盖确认放妥后，再拧紧制动螺旋，然后关箱上锁。若合不上箱口，切不可强压箱盖，以防压坏仪器。

（4）清点所有辅具和工具，防止丢失。

（六）测量工具的使用

（1）钢尺的使用：钢卷尺性脆易折断，应防止扭曲、打结，防止行人踩踏或车辆碾压，尽量避免尺身着水。携尺前进时，应将尺身提起，不得沿地面拖行，以防损坏刻划。用完钢尺应擦净、涂油，以防生锈。

（2）皮尺的使用：应均匀用力拉伸，避免着水、车压。如果皮尺受潮，应及时晾干。

（3）塔尺的使用：应注意防水、防潮，防止受横向压力，不能磨损尺面刻划的漆皮，不用时应安放稳妥。塔尺的使用，还应注意接口处的正确连接；要双手扶尺，不能将塔尺随便在树上或墙上立靠；跑尺时，要把塔尺的侧面立扛在肩上；长时间不用时，应将塔尺横放在地面上，侧面向下。严禁坐在尺子上，以免使尺子折断，或使尺面漆皮龟裂；用后及时收尺。

（4）测板图的使用：应注意保护板面，不得乱写乱扎，不能施以重压。

（5）小件工具如锤球、测钎、尺垫等使用时，应用完即收，防止遗失。

（6）一切测量工具都应保持清洁，专人保管搬运，不能随意放置，更不能作为捆扎、抬、担的他用工具。

三、测量记录与计算规则

测量记录是外业观测成果的记载和内业数据处理的依据。在测量记录或计算时必须严肃认真，一丝不苟，严格遵守以下规则：

（1）在测量记录之前，准备好硬芯（2H 或 3H）铅笔，同时熟悉记录表上各项内容及填写、计算方法。

（2）记录观测数据之前，应将记录表头的仪器型号、日期、天气、测站、观测者及记录者姓名等无一遗漏地填写齐全。

（3）观测者读数后，记录者应随即在测量记录表上的相应栏内填写，并复诵回报给观测者以便检验。不得另外用纸记录事后转抄。

（4）记录时要求字体端正清晰，数位对齐，数字对齐。字体大小一般占格宽的 1/2，字脚靠近底线；表示精度或占位的"0"（例如：水准尺读数 1.500 或 0.234，度盘读数 93°04′00″）均不可省略。

（5）观测数据的尾数不得更改，读错或记错后必须重测重记，例如：角度测量时，秒级数字出错，应重测测回；水准测量时，毫米级数字出错，应重测该测站；钢尺量具时，毫米级数字出错，应重测该尺段。

（6）观测数据的前几位若出错时，应用细横线划去错误的数字，并在原数字的上方写出正确的数字，注意不得涂擦已记录的数据。禁止连环更改数字，例如：水准测量中的黑、红面读数，角度测量中的盘左、盘右，距离丈量中的往、返量等，均不能同时更改，否则重测。

（7）记录数据修改后或观测成果废去后，都应在备注栏内写明原因（如记错、测错或超限）等。

（8）每站观测结束后，必须在现场完成规定的计算和检验，确认无误后方可搬站。

（9）数据运算应根据所取位数，按"4 舍 5 入和奇进偶不进"的规则凑整。例如：对 1.4244 m，1.4236 m，1.4245 m 这几个数据，若取至毫米位，则均记为 1.424 m。

（10）应该保持测量记录的整洁，严禁在记录表上书写无关内容，更不得丢失记录表。

模块一
基础测量

项目一　水准仪认识及测量原理

一、目的要求

1. 掌握水准仪测量原理。
2. 了解水准测量的工具和其他设备。
3. 掌握水准仪的操作步骤。
4. 掌握水准尺的使用及读数。

二、准备工作

1. 仪器工具：DS₃微倾式水准仪1台，水准尺1套，记录板1块，测伞1把。
2. 自备：实习记录表1张（水准测量记录表格），铅笔，小刀，计算纸。
3. 人员组织：每3人一组，轮换操作。

三、要点及流程

1. 水准测量的原理

（1）高程测量：测量地面上各点高程的工作称为高程测量。高程测量（水准测量）的目的是确定地面上各点的高程。

（2）水准测量是利用一条水平视线，并借助水准尺，来测定地面两点间的高差。如图1-1所示，由已知点 A 的高程 H_A 推算出未知点 B 的高程 H_B。

$$H_B = H_A + h_{AB}$$

2. 水准测量仪器及工具

（1）水准测量所使用的仪器为水准仪，工具为水准尺和尺垫等。

（2）水准仪按其精度可分为 DS₀₅、DS₁、DS₃ 和 DS₁₀ 四个等级。建筑工程测量广泛使用 DS₃ 级水准仪。

3. 水准仪的操作

水准仪的使用包括仪器安置、粗略整平、瞄准水准尺、精平和读数等操作步骤。

（1）仪器安置。

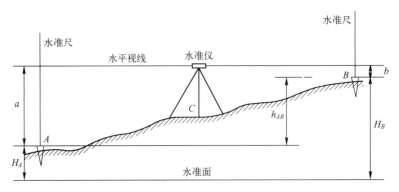

图 1-1　水准测量原理

打开三脚架并使其高度适中，目估使架头大致水平，检查脚架腿是否安置稳固，脚架伸缩螺旋是否拧紧，然后打开仪器箱取出水准仪，置于三脚架架头上用连接螺旋将仪器牢固地固连在三脚架架头上。

（2）粗略整平。

粗平是借助圆水准器的气泡居中，使仪器竖轴大致铅垂，从而视准轴粗略水平。在整平的过程中，气泡的移动方向与左手大拇指运动的方向一致。两手按相对方向调整一对脚螺旋。

（3）瞄准水准尺。

首先进行目镜对光，即把望远镜对准明亮处，转动目镜对光螺旋，使十字丝清晰。再松开制动螺旋，转动望远镜，用望远镜筒上的照门和准星瞄准水准尺，拧紧制动螺旋。然后从望远镜中观察目标，转动物镜对光螺旋进行对光，使目标清晰，再转动微动螺旋，使竖丝对准水准尺。

当眼睛在目镜端上下微微移动时，若发现十字丝与目标影像有相对运动，这种现象称为视差。产生视差的原因是目标成像的平面和十字丝平面不重合。由于视差的存在会影响到读数的正确性，必须加以消除。消除的方法是重新进行物镜对光，眼睛上下移动，直到读数不变为止。此时，从目镜端见到十字丝与目标的像都十分清晰。

（4）精平与读数。

眼睛通过位于目镜左方的符合气泡观察窗查看水准管气泡，右手转动微倾螺旋，使气泡两端的影像吻合，即表示水准仪的视准轴已精确水平。这时，即可用十字丝的中丝在尺上读数。先估读毫米数，然后报出全部读数。

精平和读数虽是两项不同的操作步骤，但在水准测量的实施过程中，却把两项操作视为一个整体；即精平后再读数，读数后还要检查管水准气泡是否完全符合。只有这样，才能读取准确的读数。

4. 水准尺的使用

（1）在瞄准水准尺之前，先进行目镜对光。把望远镜对准明亮处（如白墙等），转动目镜对光螺旋，使十字丝成像清晰。

（2）松开制动螺旋，转动望远镜，利用望远镜筒上的照门和准星，瞄准水准尺，然后再拧紧制动螺旋。

（3）转动物镜对光螺旋进行对光，使尺子的影像看得十分清晰，并转动微动螺旋，使尺子影像靠近十字丝竖丝的一侧，以便读数。

（4）消除视差。为了检查对光质量，可用眼睛在目镜端上下微微移动，若发现十字丝与目标影像有相对运动，则说明物像平面与十字丝平面不重合，这种现象称为视差。视差对观测成果的精度影响很大，必须加以消除。消除方法是重新对光，眼睛上下移动，直到水准尺读数不变。

（5）精确整平（精平）。用水准管作精确整平。因水准管灵敏度比较高，当望远镜转到不太水平的另一个方向时，水准管气泡必然会偏离中央，因此必须再一次调整微倾螺旋，使气泡两端的影像符合，然后才能在尺子上读数。

（6）读数。在望远镜视线精确水平后的瞬间，应立即利用中丝在尺上读数。读数时应从小数往大数读，并估读至毫米。读数必须读出四位数字，读数完毕后应再检查一下水准管气泡是否居中。读数后用后视读数减前视读数计算高差。

四、注意事项

1. D 表示大地水准测量；S 表示水准仪；脚标数字 0.5、1、3、10 等表示水准仪的精度。

2. 三脚架要安置稳妥，高度适中，架头接近水平，架腿螺旋要旋紧。

3. 读数时，应利用中丝读取，由小往大读。

4. 用微动螺旋使十字丝纵丝与水准尺中心吻合，保证水准尺的竖直。

5. 注意读取中丝读数前应消除视差并掌握消除视差的方法。

五、考核评分标准

考核标准：水准仪安置及读数考核评分表见表 1-1。
考核项目一：熟练掌握水准测量原理，能够绘制水准测量原理的示意图。
考核项目二：水准仪安置及读数。

表 1-1　水准仪安置及读数考核评分表

测试内容	分值	操作要求及评分标准	扣分	得分	考核记录
基本操作	35 分	安置、整平仪器方法正确，操作过程无违规现象。开箱取仪器及三脚架时轻拿轻放，架头保持大致水平，三脚架的高度适中，架头大致和操作者的胸部平齐。仪器取出后关上箱盖，踩实架腿，整平仪器，精确整平。包括脚螺旋转动时两个是否相对转动，圆水准器气泡和管水准器气泡居中，消除视差。操作错误时，每处扣 5 分			
计算过程	20 分	后视读数、前视读数区分清楚，按 $h_{AB}=a-b$，$H_B=H_A+h_{AB}$ 进行计算。数据资料完整规范，包括记录、计算完整、干净整洁，字体工整，无错误，不符合要求时酌情扣分			
精度要求	25 分	精度要满足规范要求。所有读数均需读到小数点后 3 位			

续表

测试内容	分值	操作要求及评分标准	扣分	得分	考核记录
文明作业	10分	文明操作,遵守纪律,测量结束后应将所使用的工具摆放整齐,确保无安全事故,违反扣10分			
时限	10分	时间3 min,超时1 min扣10分,超时2 min淘汰			
合计					

六、练习题

1. 绘图说明水准测量的基本原理。

2. 水准测量中,为何要求前后距离相等?

3. 何为视差?说明视差产生的原因和消除的方法。

项目二　普通水准测量

一、目的要求

1. 掌握水准路线的三种路线形式。

2. 掌握水准路线内业计算。

3. 了解高差闭合差及相关要求。

4. 掌握高差闭合差的调整。

5. 熟悉闭合水准路线的实测方法。

二、准备工作

1. 场地选择:选一适当场地,根据组数在场地一端每组选一水准点并编号,其高程可假定为一整数,在场地另一端每组钉一木桩另行编号,作为高程待定点。由水准点到待定点的距离,以能安置3～4站仪器为宜。

2. 仪器工具:水准仪,水准尺,记录板,记录表格,尺垫,测伞。

3. 人员组织:每4人一组,轮换操作。

三、要点及流程

1. 水准路线(闭合水准路线)

从已知高程的水准点 BM_A 出发,沿各待定高程的水准点1、2、3进行水准测量,最后又回到原出发点 BM_A 的环形路线称为闭合水准路线(见图1-2)。从理论上讲闭合水准路线各测段高差代数和应等于零。

高差闭合差　　　　　　　　　　$f_h = \sum h$

闭合水准路线高差计算见表1-2。

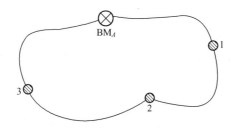

图 1-2　闭合水准路线示意图

表 1-2　闭合水准路线高差计算表

测段编号	点名	距离 L（m）	测站数	实测高差（m）	改正数（m）	改正后的高差（m）	高程（m）	备注
A	1	46.26	1	-0.216	0.001	-0.215	100.000	
B	2	73.79	1	0.136	0.002	0.138	99.785	
C	3	56.35	1	0.298	0.001	0.299	99.923	
D	4	86.80	1	-0.148	0.002	-0.146	100.222	
E	5	72.89	1	0.044	0.002	0.046	100.076	
F	6	91.10	1	-0.124	0.002	-0.122	100.122	
	1						100.000	
∑		427.19		-0.01				

辅助计算	$f_h = \sum h_测 - \sum h_理 = -0.01\,m$ $f_{h容} = \pm 40\sqrt{L} = \pm 26\,mm$ 式中：L—水准路线长度，以 km 为单位；n—测站数。

2. 水准路线（支水准路线）

从已知高程的水准点 BM_A 出发，测往未知点 1、2、P，重新测回水准点 BM_A 的水准路线，称为支水准路线，也称往返水准测量。支水准路线示意图如图 1-3 所示。

高差闭合差　　　　　　　　$$f_h = \sum h_往 + \sum h_返$$

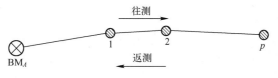

图 1-3　支水准路线示意图

3. 水准路线（附合水准路线）

从已知高程的水准点 BM_A 出发出，沿待定高程点 1、2 进行水准测量，最后附合到另一已知高程的水准点 BM_B 所构成的水准路线所构成的水准路线，称为附合水准路线。附和水准路线示意图如图 1-4 所示。

高差闭合差 $$f_h = \sum h - (H_{终} - H_{始})$$

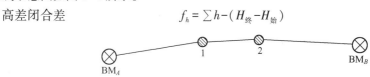

图 1-4　附合水准路线示意图

四、注意事项

1. 每次读数前要调节水准管气泡居中。

2. 水准点和待定点上不能放置尺垫，尺垫应放在转点处。

3. 同一测站观测时，管水准器只能整平一次，即后视转前视时不得再调节微倾螺旋，以免改变视线高度。

五、考核评分标准

考核标准：闭合水准路线闭合差调整与高程考核标准见表 1-3。

考核项目：闭合水准路线的闭合差调整。

表 1-3　闭合水准路线闭合差调整与高程考核表

测 试 内 容	分值	操作要求及评分标准	扣分	得分	考 核 记 录
基本操作	35 分	仪器、工具使用规范，包括记录、计算完整、清洁，字体工整，无错误			
计算过程	25 分	整理观测数据，成果检核，闭合差调整与高程计算			
精度要求	25 分	测量精度满足限差要求，检核高差闭合差满足限差要求			
文明作业	15 分	文明操作，遵守纪律，测量过程配合默契，无喊叫现象，测量结束后将所使用工具摆放整齐，确保无安全事故			
时　　限		整个操作时间控制在 40 min 范围内完成，超时 2 min 停止操作，不计成绩			
合计					

六、练习题

1. 什么是测站？什么是转点？

2. 简述水准测量的原理，并绘图加以说明。若将水准仪立于 A、B 两点之间，在 A 点尺上读数 $a = 1.586$ m，在 B 点的尺上读数 $b = 0.435$ m，请计算 A、B 两点之间的高差，说明 A、B 两点谁高谁低？

3. 何为高差闭合差及其限差？三种不同水准路线的高差闭合差各如何计算？

4. 用普通水准测量方法完成闭合水准路线测量工作，完成该段图1-5中水准路线的记录和计算（见表1-4），校核并求出高差闭合差。

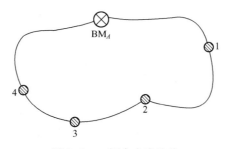

图 1-5 闭合水准路线

表1-4 闭合水准路线高差计算表

点号	路线长度（km）	观测高差（m）	高差改正数（m）	改正后高差（m）	高程（m）	备 注
BM$_A$					100.000	
1						
2						
3						$f_h = \sum h$ $F_h = \pm 30\sqrt{L}$ $f_h < F_h$
4						
BM$_A$						
$\sum$						

项目三 水准仪的检验和校正

一、目的要求

1. 练习水准仪的检验和校正方法。

2. 巩固和深入理解水准仪检验和校正的原理。

二、准备工作

1. 仪器工具：DS$_3$级水准仪1台，尺垫2个，水准尺1根，记录板1块，测伞1把。

2. 自备：实习记录纸 1 张，铅笔，小刀。

3. 人员组织：每 3 人一组，轮换操作。

三、要点及流程

1. 实验原理

水准仪的主要轴线如图 1-6 所示，由于内部结构与外界环境条件的变化，如温度、湿度、震动和内应力的变化，水准仪会产生圆水准器轴（$L'L'$）不平行于仪器竖轴（VV）、水准管轴（LL）不平行于望远镜的视准轴（ZZ）和望远镜十字丝的横丝不垂直于仪器竖轴。故而在外业施测之前，光学水准仪应满足以下主要几何关系：

（1）圆水准器轴平行于仪器竖轴 $L'L'/\!/VV$。

（2）水准管轴平行于望远镜的视准轴 $LL/\!/ZZ$。

（3）望远镜十字丝的横丝垂直于仪器竖轴。

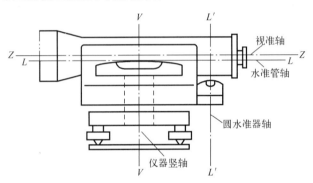

图 1-6　水准仪的主要轴线

2. 实验内容与步骤

1）圆水准轴（$L'L'$）平行于仪器竖轴（VV）的检验与校正

（1）检验方法。

在实验室通道附近，安置水准仪后，转动脚螺旋使圆水准器气泡居中，然后将仪器旋转 180°，如果气泡仍居中，则表示该几何条件满足，不必校正，否则须进行校正。

（2）校正方法。

水准仪不动，旋转脚螺旋，使气泡向圆水准器中心方向移动偏移量的一半，然后先稍微松动圆水准器底部的固定螺丝，再按整平圆水准器的方法，分别用校正针拨动圆水准器底部的三个校正螺丝，使圆气泡居中。

重复上述步骤，直至仪器旋转至任何方向圆水准气泡都居中为止。最后，把底部固定螺丝旋紧。

2）十字丝横丝垂直于仪器旋转轴的检验与校正

（1）检验方法。

在实验室通道附近，安置水准仪整平后，要求望远镜的十字丝竖丝竖直、横丝水平。用十字丝横丝一端瞄准一明显标志 P，拧紧制动螺旋，然后用水平微动螺旋转动照准部，使望远镜的十字丝横丝沿固定点移向横丝另一端。如果在移动过程中固定点 P 始终与十字丝重合，说明望远镜十字丝的横丝垂直于仪器竖轴。否则，偏离较大时须校正。

（2）校正方法。

旋下目镜端十字丝环外罩，用小螺丝刀松开十字丝环的四个固定螺丝，按横丝倾斜的反方向小心地转动十字丝环，使横丝水平（转动微动螺旋，标志在横丝上移动）。再重复检验，直至满足条件为止。最后固紧十字丝环的固定螺丝，旋上十字丝环外罩。

十字丝横丝垂直于仪器旋转轴的原理图如图 1-7 所示。

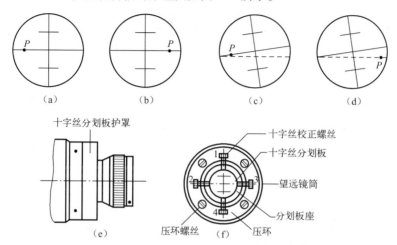

图 1-7　十字丝横丝垂直于仪器旋转轴的原理图

3）水准管轴（LL）平行于视准轴（ZZ）的检验与校正

（1）检验方法。

① 选择一平坦地段，在直线上用钢尺量取三段距离，各段长均为 20.6 m，分别在两端点 J_1、J_2 和分点 A、B 上各用粉笔做一明显固定标志，并在 A、B 点放置尺垫（务必保证尺垫不被意外挪动）。

② 分别在 J_1、J_2 安置水准仪，在 A、B 两点上竖立水准标尺。在 J_1 点整平仪器，使符合水准器气泡精密符合，先后照准 A、B 两标尺各读数四次，分别取中数为 a_1、b_1；搬迁仪器，同样在 J_2 点整平仪器，使符合水准气泡精密符合，读得 A、B 两标尺各读数四次，分别取中数为 a_2、b_2。

③ i 角的计算。由图 1-8 可知，若仪器没有 i 角误差影响时，在 J_2 点，水平视线在 A、B 标尺上的正确读数应为 a_1'、b_1'，由于 i 角引起的误差分别为 Δ、2Δ，同样在 J_2 点水平视线在 A、B 标尺上的正确读数 a_2'、b_2'、i 角引起的误差分别为 2Δ、Δ。

$$\Delta = 1/2\left[(a_2-b_2)-(a_1-b_1)\right]$$
$$i = \rho''\Delta/S = 10\Delta$$
$$\rho'' = 206265$$

上式中：(a_2-b_2) 和 (a_1-b_1) 为仪器分别在 J_2 和 J_1 读数平均数之差；Δ 以 mm 为单位。《工程测量规范》（GB 50026—2007）中对于三、四等和等外水准测量仪器 i 角大于 $20''$ 须进行校正。

（2）校正方法（本实验略）。

i 角检验记录，见图 1-8。

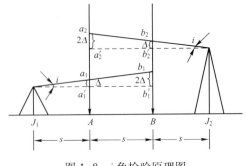

图 1-8 i 角检验原理图

四、注意事项

1. 检验工作必须十分仔细，每人检验一次，两人所得结果证明存在误差时，才能进行校正，校正后必须进行第二次检验。

2. 校正必须特别细心，校正螺丝应由指导教师先松动，才能开始校正工作。拨动校正螺丝用力要适当，严防拧断螺丝。

3. 校正前必须先弄清该部件的构造，螺丝的旋向和校正的次序。拨校正螺丝时，先转动应松开的一个，后转动应旋紧的一个。校正到正确位置时，螺丝必须同时旋紧。

4. 校正时仪器应该用测伞遮住阳光。

五、考核评分标准

考核标准：水准仪检验和校正考核见表 1-5。

考核项目：水准仪检验和校正的现场操作。

表 1-5 水准仪检验和校正考核评分表

测试内容		分值	操作要求及评分标准	扣分	得分	考核记录
工作态度		10分	仪器工具轻拿轻放，搬仪器动作规范，装箱正确，操作熟练、规范			
安置仪器		5分	架头大致水平，仪器完成粗平			
一般性检验		5分	全面完善			
圆水准器检校	圆水准器检验	15分	圆水准器的检验过程正确，确定是否需要校正，判断正确			
	圆水准器校正		圆水准器的校正过程正确，校正结果如何			
十字丝检校	十字丝检验	15分	十字丝的检验过程正确，确定是否需要校正，判断正确			
	十字丝校正		十字丝的校正过程正确，校正结果如何			
水准管检校	水准管检验	40分	检验方法、过程、记录计算正确。i 角计算正确，确定是否需要校正，判断正确			
	水准管校正		水准管的校正过程正确，校正结果如何			
结论及综合印象		10分	结论正确，动作规范、熟练，文明作业			
合计						

六、练习题

1. 水准仪应满足的三个主要条件是什么？哪些是主要的？

2. 这些条件若不满足，对水准测量将会产生什么样的影响？

3. 假使这些条件没有满足，又无法先校正好，测量时应如何处理？

4. 当水准管轴与视准轴不平行时，经检验后，怎样判断气泡符合时视线是向上倾斜还是向下倾斜，能否据此估算出对不同距离外水准尺上读数的影响？

项目四　经纬仪测量原理及认识

一、目的要求

1. 掌握经纬仪测量原理。

2. 了解经纬仪的基本构造和各部件的功能。

3. 掌握测回法测量水平角的操作方法。

4. 熟悉经纬仪各主要轴线之间应满足的几何条件。

5. 掌握竖直角测量原理及方法。

二、准备工作

1. 场地选择：在场地周围适当的地方，指定 3 ～ 5 个观测目标。

2. 仪器工具：经纬仪、记录板、记录板、测伞。

3. 人员组织：每 4 人一组，轮换操作。

三、要点及流程

1. 实验原理

水平角度测量原理，如图 1-9 所示。

（1）A、O、B 是地面上任意三个点，OA 和 OB 两条方向线所夹的水平角，即为 OA 和 OB 垂直投影在水平面 P 上的投影 $O'A'$ 和 $O'B'$ 所构成的夹角，也是 OA 和 OB 所在平面所形成的二面角。

（2）在 O 点的上方任意高度处，水平安置一个带有角度刻划的圆盘，并使圆盘中心在过 O 点的铅垂线上；通过 OA 和 OB 各作一铅垂面，设这两个铅垂面在度盘上截取的读数分别为 a 和 b。

（3）用于测量水平角的仪器，必须具备一个能置于水平状态的水平度盘，且水平度盘的中心位于水平角顶点的铅垂线上。仪器上的望远镜不仅可以在水平面内转动，而且还能在竖直面内转动。经纬仪就是根据上述基本要求设计制造的测角仪器。

2. 竖直角度测量

（1）观测目标的方向（视线）与同一竖直面内的水平线之间的夹角，称为该方向线的竖直角，又称垂直角，通常用 α 表示。竖直角度测量原理图如图 1-10 所示。

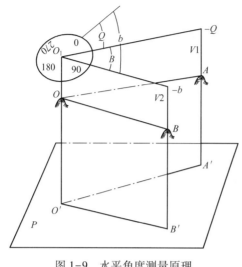

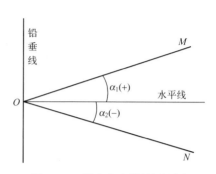

图 1-9 水平角度测量原理   图 1-10 竖直角度测量原理图

（2）竖直角值范围为 $0°\sim\pm90°$。

（3）仰角：其角值为正；俯角：其角值为负。

（4）竖直角计算公式：盘左时 $\alpha_\mathrm{L}=90°-L$，盘右时 $\alpha_\mathrm{R}=270°-R$，竖直角的平均值 $\alpha=\dfrac{1}{2}(\alpha_\mathrm{L}-\alpha_\mathrm{R})=\dfrac{1}{2}(R-L-180°)$。

3. 经纬仪的分类

（1）按精度分为：DJ_1、DJ_2、DJ_6 等。

（2）按读数系统分为：光学经纬仪、电子经纬仪。

（3）按性能分为：方向经纬仪、复测经纬仪。

4. 经纬仪的操作及步骤

经纬仪的基本操作为：对中、整平、瞄准和读数。

（1）对中。

对中的目的是使仪器度盘中心与测站点标志中心位于同一铅垂线上。操作步骤为：张开脚架，调节脚架腿，使其高度适宜，并通过目估使架头大致水平、架头中心大致对准测站点。从箱中取出经纬仪安置于架头上，然后将脚架尖踩实。略微松开连接螺旋，在架头上移动仪器，直至度盘中心准确对准测站点，最后再旋紧连接螺旋。

（2）整平。

整平的目的是调节脚螺旋使水准管气泡居中，从而使经纬仪的竖轴竖直，水平度盘处于水平位置。其操作步骤如下：

① 旋转照准部，使水准管气泡平行于任一对脚螺旋。同时，相对转动这两个脚螺旋，使水准管气泡居中 ［见图 1-11（a）］。

② 将照准部旋转 90°，转动第三个脚螺旋，使水准管气泡居中 ［见图 1-11（b）］。

③ 按以上步骤重复操作，直至水准管在这两个位置上气泡都居中为止。使用光学对中器进行对中、整平时，首先通过目估初步对中（也可利用锤球），旋转对中器使目镜看清分划板上的刻划圆圈，再拉伸对中器的目镜筒，使地面标志点成像清晰。转动脚螺旋使标志点

16

的影像移至刻划圆圈中心。然后通过伸缩三脚架腿，调节三脚架的长度，使经纬仪圆水准器气泡居中，再调节脚螺旋精确整平仪器，接着通过对中器观察地面标志点。若偏刻划圆圈中心，可稍微松开连接螺旋，在架头移动仪器，使其精确对中，此时，如水准管气泡偏移，则再整平仪器，如此反复进行，直至对中、整平同时完成。

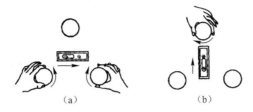

图 1-11 整平方法

（3）瞄准。

瞄准的步骤如下所述：

① 目镜对光。将望远镜对准明亮处，转动目镜对光螺旋，使十字丝成像清晰。

② 粗略瞄准。松开照准部制动螺旋与望远镜制动螺旋，转动照准部与望远镜，通过望远镜上的瞄准器对准目标，然后旋紧制动螺旋。

③ 物镜对光。转动位于镜筒上的物镜对光螺旋，使目标成像清晰并检查有无视差存在，如果发现有视差存在，应重新进行对光，直至消除视差。

④ 精确瞄准。旋转微动螺旋，使十字丝准确对准目标。观测水平角时，应尽量瞄准目标的基部，当目标宽于十字丝双丝距时，宜用单丝平分；目标窄于双丝距时，宜用双丝夹住；观测竖直角时，用十字丝横丝的中心部分对准目标位。

（4）读数。

读数前应调整反光镜的位置与开合角度，使读数显微镜视场内亮度适当，然后转动读数显微镜目镜进行对光，使读数窗成像清晰，进行读数。

四、注意事项

1. D 表示大地测量仪器；J 表示经纬仪；数字 1、2、6 等表示该仪器一个测回水平方向观测中误差的秒数，单位为秒。

2. 瞄准目标时，尽可能用单丝瞄准目标底部。

3. 观测过程中，应注意观察水准气泡，若发现气泡偏移超过一格时，应重新整平重测。

五、考核评分标准

考核标准：经纬仪操作考核评分标准见表 1-6。

考核项目：经纬仪的现场操作。

表 1-6 经纬仪操作考核评分表

测试内容	分值	操作要求及评分标准	扣分	得分	考核记录
工作态度	10 分	仪器工具使用正确，应有团队协作意识等			
操作过程	20 分	操作熟练、规范，方法步骤正确、不缺项			
读数	10 分	读数正确、规范			

测 试 内 容	分值	操作要求及评分标准	扣分	得分	考 核 记 录
记录	10分	记录正确、规范			
计算	20分	计算快速、正确、规范，计算检核齐全			
精度	20分	精度符合规范要求			
综合印象	10分	动作规范、熟练、文明作业			
合计					

六、练习题

1. 什么是水平角？绘图说明用经纬仪测量水平角的原理。

2. 观测水平角时，什么情况下采用测回法？

3. 叙述测回法观测水平角的操作步骤。

项目五　测回法测水平角

一、目的要求

1. 练习测回法测水平角的观测及计算方法。

2. 进一步练习仪器的对中、整平。

二、准备工作

1. 每组借用：DJ_6级经纬仪1台，记录板1块，测伞1把。

2. 自备：实习记录表1张，铅笔，小刀，计算纸。

3. 人员组织：每3人一组，轮换操作。

三、要点与流程

1. 外业观测

（1）如图1-12所示，安置仪器于O点，对中、整平。

（2）盘左位置精确瞄准A点，度盘归零，记录读数。

（3）顺时针转动仪器，由目标A转到目标B，精确瞄准B点，记录读数。

以上三步称为盘左半测回或上半测回。

（4）盘右位置精确瞄准B点，记录读数。

（5）逆时针转动仪器，由目标B转到目标A，精确瞄准A点，记录读数。

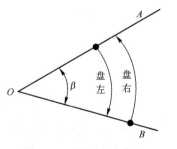

图1-12　测回法示意图

以上两步称为盘右半测回或下半测回。

（6）如果观测不止一个测回，而是要观测n个测回，那么在每个测回都要重新设置水平度盘起始读数，即对左方目标每个测回在盘左观测时，水平度盘应设置$180°/n$的整倍数来观测。

2. 记录与计算

（1）盘左观测。瞄准A点，记录α_L，瞄准B点，记录b_L，上半测回角值$\beta_L = b_L - a_L$。

（2）盘右观测。瞄准 B 点，记录 b_R，瞄准 A 点，记录 a_R，下半测回角值 $\beta_R = b_R - a_R$。

（3）DJ_6 级光学径纬仪盘左、盘右两个"半测回"角值之差不超过 $40''$，即 $|\beta_L - \beta_R| < 40''$。

（4）一测回角值 $\beta = \dfrac{1}{2}(\beta_L + \beta_R)$。

3. 水平角（测回法）测量记录表

水平角（测回法）测量记录表见表1-7。

表 1-7　水平角（测回法）测量记录

观测_____　　记录_____　　检查_____　　日期_____　　天气_____

测站	目标	竖盘位置	平盘读数 （° ′ ″）	半测回角值 （° ′ ″）	一测回角值 （° ′ ″）
		左			
		右			
		左			
		右			
		左			
		右			
		左			
		右			
		左			
		右			
		左			
		右			
		左			
		右			

四、注意事项

1. 仪器要安置稳妥,对中、整平要仔细。
2. 观测目标要认真消除视差。
3. 在观测中若发现气泡偏离较多,应废弃重新整平观测。

五、考核评分标准

考核标准:测回法测水平角考核评分标准见表1-8。

考核项目:测回法测水平角的作业过程。

表1-8 测回法测水平角考核评分表

测试内容	分值	操作要求及评分标准	扣分	得分	考核记录
基本操作	15分	仪器、工具使用规范,测量方法正确,盘位转换正确,错误处酌情扣分			
工作态度	10分	仪器工具使用正确,应有团队协作意识等			
计算过程	25分	检核测量结果符合半测回角值互差和各测回角值互差要求,且是终止方向读数减去起始方向。$\beta_L=b_L-a_L$,$\beta_R=b_R-a_R$,$\beta=\frac{1}{2}(\beta_L+\beta_R)$			
记录	10分	记录正确、规范			
精度要求	30分	精度满足限差要求,半测回角值互差。$f_\beta=\beta_L-\beta_R \leqslant \pm 30''$			
文明作业	10分	测量过程配合默契,无喊叫现象,测量结束后对所使用工具摆放整齐,无安全事故			
时限		整个操作时间在8min范围内操作完成,超时2min停止操作,不计成绩			
合计					

六、练习题

1. 计算角值 β 时,为什么一定要用 $b-a$?被减数不够减时,为什么要加360°?
2. 在测角过程中,若动了度盘制动或微动螺旋,对角度有何影响?
3. 对中、整平不精确,对测角有何影响?
4. 在第二个半测回前,将度盘转动一个角度,对测角有何好处?
5. 测回法测角与较简单法测角(即仅用一个盘位,测一次)相比,有何优点?
6. 若前半个测回测完时,发现水准管气泡偏离中心,重新整平之后仅测下半个测回,然后取平均值可否?为什么?

项目六 竖直角测量

一、目的要求

1. 认识竖盘构造。
2. 练习竖直角的观测,计算方法。

二、准备工作

1. 仪器工具：经纬仪 1 台，记录板 1 块，测伞 1 把。
2. 自备：竖直角测量记录表 1 张，铅笔，小刀。
3. 人员组织：每 3 人一组，轮换操作。

三、要点及流程

（1）在某指定点上安置经纬仪。

（2）以盘左位置使望远镜实现大致水平。看竖盘指标所指的读数是 90° 或 0°，以确定盘左时的竖盘起始读数，记为 $L_始$；同样，盘右位置看盘右时的竖盘起始读数，记为 $R_始$。一般情况下：$R_始 = L_始 \pm 180°$。

（3）以盘左位置将望远镜物镜端抬高，当视准轴逐渐向上倾斜时，观察竖盘注记形式是增加还是减少，借以确定竖直角和指标差的计算公式。

① 当望远镜物镜抬高时，如果竖盘读数逐渐减少，竖直盘注记形式为顺时针，则竖直角计算公式为：

$$\alpha_左 = L_始 - L_读$$
$$\alpha_右 = R_读 - R_始$$

（如 $L_始 = 90°$，则 $\alpha_左 = 90° - L_读$；若 $R_始 = 270°$，则 $\alpha_右 = R_读 - 270°$）

竖直角 $$\alpha = \frac{1}{2}(\alpha_左 + \alpha_右)$$

竖盘指标差 $$X = -\frac{1}{2}(\alpha_左 - \alpha_右) \text{ 或 } X = \frac{1}{2}(\alpha_左 + \alpha_右 - 360°)$$

② 当望远镜物镜抬高时，如果竖盘读数逐渐增大，竖直盘注记形式为逆时针，则竖直角计算公式为：

$$\alpha_左 = L_读 - L_始$$
$$\alpha_右 = R_始 - R_读$$

（如 $L_始 = 90°$，则 $\alpha_左 = L_读 - 90°$；若 $R_始 = 270°$，则 $\alpha_右 = 270° - R_读$）

竖直角 $$\alpha = \frac{1}{2}(\alpha_左 + \alpha_右)$$

竖盘指标差 $$X = \frac{1}{2}(\alpha_左 - \alpha_右) \text{ 或 } X = \frac{1}{2}(\alpha_左 + \alpha_右 - 360°)$$

不管是顺时针还是逆时针，注记的度盘均可按 $X = \dfrac{(L+R) - 360°}{2}$ 计算竖盘指标差。

③ 竖盘指标差 X 值有正有负。盘左位置观测时用 $\alpha = \alpha_左 + X$ 来计算可获得正确的竖直角 α；而盘右位置观测时用 $\alpha = \alpha_右 - X$ 计算才能够获得正确的竖直角 α。

④ 用上述公式算出的竖直角 α，如果符号为"+"时，则 α 为仰角；如果符号为"-"时，则 α 为俯角。

（4）用测回法测定竖直角，其观测程序如下：

① 安置好经纬仪后，盘左位置照准目标，读取竖盘的读数 $L_读$。记录者将读数值 $L_读$ 记入竖直角测量记录表中。

② 根据上述所确定的竖直角计算公式，在记录表中计算出盘左时的竖直角 $\alpha_{左}$。

③ 再用盘右的位置照准目标，并读取其竖直度盘的读数 $R_{读}$。记录者将读数值 $R_{读}$ 记入竖直角测量记录表中。

④ 根据所定竖直角计算公式，在记录表中计算出盘右的竖直角 $\alpha_{右}$。

⑤ 利用公式计算一测回竖直角值和竖盘指标差。

四、注意事项

1. 观测目标时，先调清楚十字丝，然后消除视差，每次读数时都要使指标水准管气泡居中。

2. 测出的竖直角，要注意其正、负号。

3. 尽量用十字丝的交点来照准目标。

五、考核评分标准

考核标准：竖直角测量考核评分标准见表1-9。

考核项目：竖直角测量的作业过程。

表1-9　竖直角测量考核评分表

测试内容	分值	操作要求及评分标准	扣分	得分	考核记录
工作态度	10分	仪器工具使用正确，应有团队协作意识等			
操作过程	20分	操作熟练、规范，方法步骤正确、不缺项			
读数	10分	读数正确、规范			
记录	10分	记录正确、规范			
计算	20分	计算快速、正确、规范，计算检核齐全			
精度	20分	精度符合规范要求			
综合印象	10分	动作规范、熟练，文明作业			
合计					

六、练习题

1. 测水平角时需要两个目标，为什么测竖直角只需要一个目标？

2. 竖直角是否代表了目标与测站之间的地面倾角？为什么？

3. 仪器未整平对测竖直角是否有影响？指标水准管气泡未居中，对测竖直角有何影响？

项目七　经纬仪的检验和校正

一、目的要求

1. 认识经纬仪应满足的理想轴线关系。

2. 练习经纬仪检验和校正的方法。

二、准备工作

1. 仪器工具：经纬仪 1 台，测钎 3 根，水准尺 1 根，记录板 1 块，校正针 1 支。

2. 自备：实习记录表 1 张，铅笔，小刀。

3. 人员组织：每 3 人一组，轮换操作。

三、要点及流程

1. 仪器视检

按照检验要求项目对经纬仪进行视检，填写表 1-10。

掌握经纬仪的各轴线之间要满足的几何关系，填写表 1-11。

表 1-10　仪器视检（符合的选项前打"√"）

三脚架平稳否、脚螺旋有效否	□是　　□否	基座脚螺旋有效否	□是　　□否
水平制动与微动螺旋有效否	□是　　□否	望远镜成像清晰否	□是　　□否
望远镜制动与微动螺旋有效否	□是　　□否	其他问题	

表 1-11　仪器的主要轴线和几何关系

仪器的主要轴线			主要几何关系
序　号	名　称	代　号	(1) _____
(1)			(2) _____
(2)			(3) _____
(3)			(4) _____
(4)			(5) _____
(5)			(6) _____

2. 照准部水准管轴垂直于竖轴的检验（$LL \perp VV$）

检验步骤如下所述：

（1）将经纬仪严格整平。

（2）转动照准部，使水准管与三个脚螺旋中的任意一对平行，转动脚螺旋使气泡严格居中；再将照准部旋转 180°，使水准管平行于一对脚螺旋，此时，如果气泡仍居中，说明该条件能满足。若气泡偏离中央零点（超过一格位置），则需要进行校正。

按照表 1-12 的要求填写相关检验结果。

表 1-12　管水准器轴垂直于竖轴

检验次数	1	2	3	4	5	6
气泡偏离格数						
主检人签名						

3. 十字丝竖丝垂直于横轴的检验（竖丝 $\perp HH$）

检验步骤如下所述：

（1）整平仪器。

（2）用十字丝竖丝的最上端照准某一明显固定点，并固定照准部制动螺旋和望眼镜制动螺旋。

（3）转动望远镜微动螺旋，使望远镜上下微动，如果该固定点目标不离开竖丝，说明此条件满足，否则需要校正。

按照表 1-13 的要求填写相关检验结果。

表 1-13　十字丝竖丝垂直于横轴

检验次数	误差是否显著	主检人签名	检验次数	误差是否显著	主检人签名
1			4		
2			5		
3			6		

4. 视准轴垂直于横轴的校验（$CC \perp HH$）

选一平坦场地安置经纬仪，后视点 A 和前视点 B 与经纬仪站点 O 的距离为 80 m（见图 1-13），在后视 A 点设置一根标杆，在与仪器视线等高处设一标志点 A。在前视 B 点与仪器视线等高处横放一个刻有毫米分划的小钢尺。

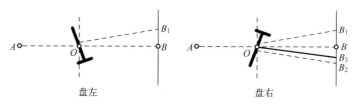

盘左　　　　　　　　　盘右

图 1-13　视准轴垂直于横轴的校验示意图

盘左位置照准后视点 A，倒转望远镜在前视 B 点钢尺上读数，得 B_1。

盘右位置照准后视点 A，倒转望远镜在前视 B 点钢尺上读数，得 B_2。

若 B_1 和 B_2 两点重合，说明视准轴与横轴垂直。

若 B_1 和 B_2 两点不重合，说明视准轴与横轴不垂直。请计算同一方向观测的照准差 C。盘左瞄准后视 A 点，记录角值读数 L；盘右瞄准后视 A 点，记录角值读数 R。然后按照下列公式计算同一方向观测的照准差 C。C 的限差如果小于 $\pm 60''$，则该项检验算为合格；否则须对仪器进行校正。

$$C = \frac{1}{2}\left[L - (R \pm 180°)\right]$$

将对应读数填入表 1-14 进行检校。

表 1-14　视准轴垂直于横轴

序号	横尺读数		B_1 与 B_2 是否重合？	照准差 C 的观测与计算			C 是否满足要求？	主检人签名
	盘左 B_1（mm）	盘右 B_2（mm）		读数 L（° ′ ″）	读数 R（° ′ ″）	C 值（″）		
1								
2								

序号	横尺读数		B_1 与 B_2 是否重合?	照准差 C 的观测与计算			C 是否满足要求?	主检人签名
	盘左 B_1（mm）	盘右 B_2（mm）		读数 L（° ′ ″）	读数 R（° ′ ″）	C 值（″）		
3								
4								
5								
6								

5. 横轴垂直于竖轴的检验（$HH \perp VV$）

将仪器安置在一个清晰的高大目标（如墙体）附近（20 ～ 30 m，望远镜仰角约为 30°），视准面与墙面大约垂直，如图 1-14 所示。

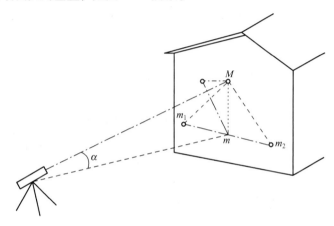

图 1-14　横轴垂直于竖轴的检验示意图

盘左位置照准目标 M（仰角约 30°），拧紧水平制动螺旋后，将望远镜放到水平位置，在墙上（或横放的尺上）标出 m_1 点。

盘右位置仍照准目标 M，置平望远镜，在墙上（横放的尺子上）标出 m_2 点。若 m_1 和 m_2 两点重合，说明望远镜横轴垂直仪器竖轴。否则，按照下式计算横轴误差 i：

$$i = \frac{m_1 m_2}{2D} \cot \alpha \cdot \rho''$$

式中，$\rho'' = 206265''$。如果 $i > \pm 20''$，需要校正。

将对应读数填入表 1-15 进行检校。

表 1-15　横轴垂直于竖轴

序号	m_1 与 m_2 是否重合	水平距离 D（mm）	$m_1 m_2$（mm）	竖直角 α（° ′ ″）	横轴误差 i 角（″）	i 角 ≤±20″（是否合格）	主检人签名
1							
2							
3							

序号	m_1 与 m_2 是否重合	水平距离 D（mm）	$m_1 m_2$（mm）	竖直角 α（° ′ ″）	横轴误差 i 角（″）	i 角≤±20″（是否合格）	主检人签名
4							
5							
6							

四、注意事项

1. 爱护仪器，不得随意拨动仪器的各个螺丝。

2. 需要校正部分，应向指导教师说明仪器的关系资料和应当校正的方法，待同意后进行校正。

3. 校正应在教师指导下进行。检验和校正应反复进行，直至满足要求为止。

五、考核评分标准

考核标准：经纬仪的检验和校正考核标准见表1-16。

考核项目：经纬仪的检验和校正。

表1-16 经纬仪的检验和校正考核表

测试内容	分值	评分标准	扣分	得分	考核记录
工作态度	10分	仪器工具轻拿轻放，搬仪器动作规范，装箱正确，操作熟练、规范			
安置经纬仪	5分	脚架架头大致水平，仪器完成粗平			
一般检查	5分	全面完整			
照准部水准管检校		检验与校正方法、判断正确			
① 照准部水准管检验	10分	确定是否需要校正，判断正确			
② 照准部水准管校正		校正结果如何			
十字丝竖丝检校		检验与校正方法、过程、记录正确			
① 十字丝竖丝的检验	10分	确定是否需要校正，判断正确			
② 十字丝竖丝的校正		校正结果如何			
视准轴与横轴的检验		场地选择合适，检验与校正方法、过程、记录计算正确			
① 视准轴与横轴的检验	20分	确定是否需要校正，判断正确			
② 视准轴与横轴的校正		校正结果如何			

测试内容	分值	评分标准	扣分	得分	考核记录
横轴与竖轴的检验与校正 ① 横轴与竖轴的检验 ② 横轴与竖轴的校正	10 分	场地选择合适，检验与校正方法、过程、记录计算正确			
		确定是否需要校正，判断正确			
		校正结果如何			
竖盘指标差的检验与校正 ① 竖盘指标差的检验 ② 竖盘指标差的校正	20 分	检验与校正方法、过程、记录正确			
		确定是否需要校正，判断正确			
		校正结果如何			
结论及综合印象	10 分	结论正确；动作规范、熟练、文明作业			
合计					

六、练习题

1. 经纬仪主要有哪些轴线？轴线间应满足哪些关系？

2. 经纬仪主要应检验哪些项目？应按什么样的顺序进行检验？哪些检验项目的顺序可以互换？哪些不可以互换？为什么？

3. 当照准部的水准管轴与仪器的竖轴不垂直而又无法校正时，你能够将仪器置平吗？怎样进行？

项目八　钢尺距离测量

一、目的要求

1. 熟悉水平角和水平距离的测量方法。
2. 练习水平距离测量的方法。
3. 掌握钢尺在测量工作中的操作步骤。

二、准备工作

1. 场地选择：选择约 50 m 的较为平坦的地面作为小组的实验场地。
2. 仪器工具：钢尺、测钎、记录板、测伞。
3. 人员组织：每 4 人一组，轮换操作。

三、要点及流程

1. 地面点的标定

无论采用何种坐标系统，都需要测量出地面点间的距离 D、相关角度 β 和高程 H，通常

D、β 和 H 称为地面点的定位元素。

2. 距离测量定线的方法

常用的方法有两种：标杆目测定线和经纬仪定线。

图 1-15 所示为经纬仪直线定线示意图。

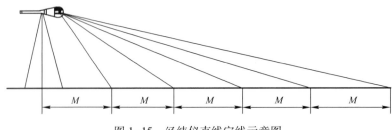

图 1-15　经纬仪直线定线示意图

3. 钢尺普通量距

（1）钢尺量距时所需的工具。

30 m 或 50 m 钢尺，标杆三支，记录板，测钎一束。

（2）步骤。

① 在地面上选定相距约 80 m 的 A、B 两点插测钎作为标志，用目估法定向或经纬仪直线定线，如图 1-16 所示。

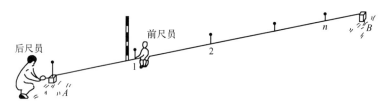

图 1-16　钢尺量距示意图

② 往测。如图 1-17 所示，后尺手持钢尺零点端对准 A 点，前尺手持尺盒和一个花杆向 AB 方向前进，至一尺段钢尺全部拉出时停下，由后尺手根据 A 点的标杆指挥前尺手将钢尺定向，前、后尺手拉紧钢尺，由前尺手喊"预备"，后尺手对准零点后喊"好"，前尺手在整 50 m 处记下标志，完成一尺段的丈量，依次向前丈量各整尺段；到最后一段不足一尺段时为余长，后尺手对准零点后，前尺手在尺上根据 B 点测钎读数（读至 mm）；记录者在丈量过程中在"钢尺量距记录"表上记下整尺段数及余长，最终获得往测总长。

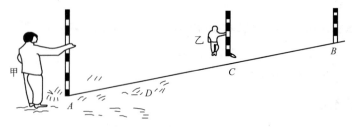

图 1-17　目估定线示意图

③ 返测。由 B 点向 A 点用同样方法丈量。

④ 根据往测和返测的总长计算往返较差、相对精度，最后取往、返总长的平均数。

（3）钢尺量距的注意事项。

① 钢尺量距的原理简单，但在操作上容易出错，要做到三清：尺分清——分清端点尺和刻线尺；读数认清——尺上读数要认清 m，dm，cm 的注字和 mm 的分划数；读数及计算长度取至毫米；尺段记清——尺段较多时，容易发生少记一个尺段的错误。

② 钢尺容易损坏，为维护钢尺，应做到四不：不扭、不折、不压、不拖。用完要擦净后方可卷入尺壳内。

③ 钢尺往、返丈量的相对误差应小于 1/2000，则取往、返平均值作为该直线的水平距离，否则重新丈量。

4. 距离测量记录

距离测量记录表见表 1–17。

表 1–17　距离测量记录表

观测_____　记录_____　检查_____　日期_____　天气_____

测线		往测	返测	往返平均距离（m）	往返差值（m）	往返相对误差 K
起点号	终点号	D_i（m）	D_i（m）			

四、注意事项

1. 量距时，钢尺要拉直、拉平、拉稳。

2. 往返丈量相对误差不超过 1/2000。

五、考核评分标准

考核标准：钢尺量距的一般方法成绩评定标准见表 1–18。

考核项目：钢尺量距的作业过程。

表 1-18　钢尺量距的一般方法成绩评定表

测试内容	分值	操作要求及评分标准	扣分	得分	考核记录
工作态度	10 分	仪器工具使用正确，应有团队协作意识等			
操作过程	30 分	操作熟练、规范，方法步骤正确、不缺项			
读数	10 分	读数正确、规范			
记录	10 分	记录正确、规范			
计算	10 分	计算快速、正确、规范、齐全			
精度	20 分	精度符合规范要求			
综合印象	10 分	动作规范、熟练，文明作业			
合计					

六、练习题

1. 简述钢尺量距的误差来源及注意事项？

2. 进行直线定线的目的是什么？目估定线通常是怎样进行的？

3. 用钢尺丈量倾斜地面距离有哪些方法？各适用于什么情况？

4. 如何衡量距离的精度？现丈量了两段距离，*AB* 往测为 153.47 m，返测为 153.57 m；*CD* 往测为 327.76 m，返测为 327.76 m，问两段丈量精度是否相同？若不同，则哪段精度高？为什么？

项目九　光电测距仪的认识和使用

一、目的要求

1. 认识光电测距仪的构造。
2. 练习光电测距仪的使用方法。

二、准备工作

1. 仪器工具：测距仪 1 台，反光镜 1 个，温度计 1 个，气压计 1 个，记录板 1 块，测伞 2 把。

2. 自备：实习记录（红外光电测距测量手簿）1 张，计算表（红外光电测距成果计算表）1 张，铅笔，小刀。

3. 人员组织：每 3 人一组，轮换操作。

三、要点及流程

电磁波测距是通过测定电磁波束在待测距离上往返传播的时间 t_{2D} 来计算待测距离 D 的，如图 1-18 所示，电磁波测距的基本公式为

$$D = \frac{1}{2}ct_{2D}$$

式中 c——电磁波在大气中的传播速度。

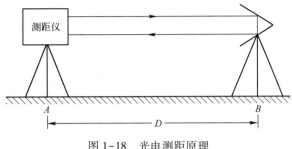

图 1-18 光电测距原理

根据测定光波传播时间的方法，光电测距仪可分为脉冲式和相位式两种。

外业实训步骤如下：

（1）在已知基线的一端安置和安装仪器，了解仪器各部的名称、作用，安置方法及应注意事项。

（2）在基线的另一端安置反光镜，掌握反光镜的安置、安装及照准的方法。

（3）轮流练习测量气压、温度及距离，每人触发三次仪器，读取三个读数，并读取竖直角，测量结果要及时记入手簿。

（4）在一组轮流完成以后，两组进行交换，对第二台仪器，每人只操作一次，不作记录。

（5）对测量成果进行计算，计算水平距离（不作投影改正）要加气象、固定常数及比例常数的改正。

（6）求出测得的距离与已知基线长度的较差。

（7）测量及计算成果，每人交一份。

四、注意事项

1. 在阳光下观测仪器及反光镜要打测伞。

2. 按按钮及按键时，动作要轻，用力不可过大或过猛。

3. 照准头切忌对向太阳，以防将发光及接收管烧坏。

4. 切忌用手触摸反光镜及仪器的玻璃表面。

5. 在了解操作方法以前，不得乱动仪器。

6. 观测应有秩序的进行，不得抢先。

7. 仪器及反光镜要经常有人守候。

8. 气压计、温度计，不得暴露在阳光下。

五、考核评分标准

考核标准：光电测距仪使用成绩评定标准见表 1-19。

考核项目：光电测距仪的使用。

表 1-19　光电测距仪使用成绩评定表

测试内容	分值	操作要求及评分标准	扣分	得分	考核记录
工作态度	15 分	仪器工具使用正确，应有团队协作意识等			
操作过程	40 分	操作熟练、规范，方法步骤正确、不缺项			
读数	20 分	读数正确、规范			
记录	10 分	记录正确、规范			
精度	5 分	精度符合规范要求			
综合印象	10 分	动作规范、熟练，文明作业			
合计					

六、练习题

1. 为什么在测距时要测量气压及温度？

2. 为什么在测距前要检查电压及光强？

3. 为什么 DM501 要照准反光镜中部，而 DI-3 则照准反光镜下方的标志？

4. 为什么每次测出的数值会有差异？

5. 什么是固定误差和比例误差？为什么要进行这两项改正？

项目十　视差法测距

一、目的要求

1. 练习用二米横基尺测距的观测、记录、计算方法。

2. 区分视差法与全测回法的不同。

3. 了解视差法测距所受到的条件限制和影响测距精度的因素。

二、准备工作

1. 仪器工具：DJ_2 经纬仪 1 台、记录板 1 块。组间共用 1 根二米横基尺。

2. 自备：全测回法测角记录表 1 张。

3. 人员组织：每 3 人一组，轮换操作。

三、要点及流程

视距测量是用望远镜内视距丝装置（见图 1-19），根据几何光学原理同时测定距离和高差的一种方法。这种方法具有操作方便，速度快，不受地面高低起伏限制等优点。虽然精度较低，但能满足测定碎部点位置的精度要求，因此被广泛应用于碎部测量中。

视距测量所用的主要仪器工具是经纬仪和视距尺。

1. 视距测量原理

（1）视线水平时的距离与高差公式。

如图 1-20 所示，欲测定 A、B 两点间的水平距离 D 及高差 h，可在 A 点安置经纬仪，B 点立视距尺，设望远镜视线水平，瞄准 B 点视距尺，此时视线与视距尺垂直。若尺上 M、N

点成像在十字丝分划板上的两根视距丝 m、n 处，那么尺上 MN 的长度可由上、下视距丝读数之差求得。上、下丝读数之差称为视距间隔或尺间隔。

图 1-19 上下丝示意图

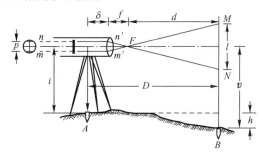

图 1-20　视线水平时视距测量原理示意图

水平距离 D 为

$$D = Kl + C$$

式中　　l——视距间隔，$l = m - n$；

K、C——视距乘常数和视距加常数。现代常用的内对光望远镜的视距常数，设计时已使 $K = 100$，C 接近于零，所以公式可改写为

$$D = Kl$$

同时，由图 1-20 可以看出 A、B 的高差

$$h = i - v$$

式中　　i——仪器高，是桩顶到仪器横轴中心的高度；

v——瞄准高，是十字丝中丝在尺上的读数。

（2）视线倾斜时的距离与高差公式。

在地面起伏较大的地区进行视距测量时，必须使视线倾斜才能读取视距间隔，如图 1-21 所示。由于视线不垂直于视距尺，故不能直接应用上述公式。如果能将视距间隔 MN 换算为与视线垂直的视距间隔 $M'N'$，这样就可按公式计算倾斜距离 D'，再根据 D' 和竖直角 α 算出水平距离 D 及高差 h。因此解决这个问题的关键在于求出 MN 与 $M'N'$ 之间的关系。

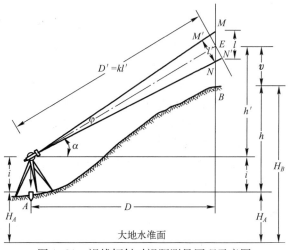

图 1-21　视线倾斜时视距测量原理示意图

A、B 的水平距离

$$D = D'\cos\alpha = Kl\cos^2\alpha$$

由图 1-20 得出，A、B 间的高差 h 为：

$$h = h' + i - v$$

式中　h'——中丝读数处与横轴之间的高差。h' 可按下式计算：

$$h' = D'\sin\alpha = Kl\cos\alpha\sin\alpha = \frac{1}{2}Kl\sin2\alpha$$

所以

$$h = \frac{1}{2}Kl\sin2\alpha + i - v$$

根据式计算出 A、B 间的水平距离 D 后，高差 h 也可按下式计算：

$$h = D\tan\alpha + i - v$$

在实际工作中，应尽可能使瞄准高 v 等于仪器高 i，以简化高差 h 的计算。

2. 视距测量的观测与计算

施测时，如图 1-20 所示，安置仪器于 A 点，量出仪器高 i，转动照准部瞄准 B 点视距尺，分别读取上、下、中三丝的读数 M、N、V，计算视距间隔 $l = M - N$。再使竖盘指标水准管气泡居中（如为竖盘指标自动补偿装置的经纬仪则无此项操作），读取竖盘读数，并计算竖直角 α。然后用计算器计算出水平距离和高差。

3. 视距测量误差

视距测量的精度较低，在较好的条件下，测距精度为 1/200 ~ 1/300。视距测量的误差主要如下：

（1）读数误差。用视距丝在视距尺上读数的误差。与尺子最小分划的宽度、水平距离的远近和望远镜放大倍率等因素有关，因此读数误差的大小，视使用的仪器、作业条件而定。

（2）垂直折光影响。视距尺不同部分的光线是通过不同密度的空气层到达望远镜的，越接近地面的光线受折光影响越显著。经验证明，当视线接近地面在视距尺上读数时，垂直折光引起的误差较大，并且这种误差与距离的平方成比例地增加。

（3）视距尺倾斜所引起的误差。视距尺倾斜误差的影响与竖直角有关，竖角越大，尺身倾斜对视距精度的影响越大。

此外，视距乘常数 K 的误差，视距尺分划的误差，竖直角观测的误差以及风力使尺子抖动引起的误差等，都将影响视距测量的精度。

四、注意事项

1. 为减少垂直折光的影响，观测时应尽可能使视线离地面 1 m 以上。

2. 作业时，要将视距尺竖直，并尽量采用带有水准器的视距尺。

3. 要严格测定视距乘常数，K 值应在 100±0.1 之内，否则应加以改正。

4. 视距尺一般应是厘米刻划的整体尺。如果使用塔尺，应注意检查各节尺的接头是否准确；要在成像稳定的情况下进行观测。

五、考核评分标准

考核标准：视距测量成绩评定标准见表 1-20。

考核项目：视距测量的作业过程。

表 1-20 视距测量成绩评定表

测试内容	分值	操作要求及评分标准	扣分	得分	考核记录
工作态度	10 分	仪器、工具轻拿轻放，装箱正确，文明操作			
操作过程	30 分	操作熟练、规范，方法步骤正确、不缺项			
读数	15 分	读数正确、规范			
记录	15 分	记录正确、规范			
计算	20 分	计算快速、正确、规范、齐全			
综合印象	10 分	动作规范、熟练，文明作业			
合计					

六、练习题

1. 视差法测距时，水平角的观测为什么只用一个盘位？

2. 视差法所测得的距离，其精度受哪些因素的影响？

模块二
控制测量

项目一　方向观测法观测水平角

一、目的要求

1. 掌握方向观测法的观测步骤。
2. 掌握方向观测法的精度要求及重测原则。

二、准备工作

1. 仪器工具：DJ$_2$ 经纬仪 1 套、测钎 1 把、觇标 4 根。
2. 自备：木桩、小钉、计算器、铅笔、刀片、草稿纸。
3. 人员组织：每 3 人一组，轮换操作。

三、要点及流程

（1）如图 2-1 所示，在 O 点安置经纬仪，选取一方向作为起始零方向（见图 2-1 中的 A 方向）。

（2）盘左位置照准 A 方向，并拨动水平度盘变换手轮，将 A 方向的水平度盘读数设置在 180°00′00″附近且大于 180°，然后顺时针转动照准部 1～2 周，重新照准 A 方向并读取水平度盘度数，记入方向观测法记录表中。（记录表见表 2-2）

（3）按顺时针方向依次照准 B、C、D 方向，并读取水平度盘读数，将读数值分别记入记录表中。

（4）继续旋转照准部至 A 方向，再读取水平度盘读数，检查半测回归零差是否合格。

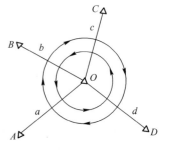

图 2-1　方向观测法示意图

（5）盘右位置观测前，先逆时针旋转照准部 1～2 周后再照准 A 方向，并读取水平度盘读数，记入记录表中。

（6）按逆时针方向依次照准 D、C、B 方向，并读取水平度盘读数，将读数值分别记入记录表中。

（7）逆时针继续旋转至 A 方向，读取零方向 A 的水平度盘读数，并检查半测回归零差和 2C 互差。

（8）为了提高测角精度，减少度盘刻划误差的影响，各测回起始方向的度盘读数位置应均匀地分布在度盘和测微尺的不同位置上，根据不同的测量等级和使用的仪器，可采用以下公式确定 DJ_2 经纬仪起始方向的度盘读数：

$$起始方向的度盘读数 = \frac{180°}{m}(j-1) + 10'(j-1) + \frac{600''}{m}\left(j - \frac{1}{2}\right)$$

即每测回的起始方向盘左的水平度盘读数应设置为 $\left(\frac{180°}{n} + \frac{60'}{n}\right)$ 的整数倍作为配置水平度盘的读数。

（9）相关限差要求及记录见表 2-1。

表 2-1　方向观测法各项限差（″）

经纬仪型号	光学测微器两次重合读数差	半测回归零差	一测回内 2C 互差	同一方向值各测回较差
DJ_1	1	6	9	6
DJ_2	3	8	13	9
DJ_6	——	18	——	24

注：该表依据《城市测量规范》（CJJ/T 8—2011）的规定。

方向观测法观测水平角记录表见表 2-2。

表 2-2　方向观测法观测水平角记录表

仪器型号：　　　　　日期：　　　　　班级：　　　　　观测：
工程名称：　　　　　天气：　　　　　组别：　　　　　记录：

测站	测回数	目标	读数		2C 值	方向值	归零方向值	各测回归零方向值的平均值	角值
			盘左	盘右					

四、注意事项

1. 每半测回观测前应先旋转照准部 1～2 周。

2. 一测回内不得重新调焦和两次整平仪器。

3. 选择距离适中、通视良好、成像清晰的方向作为零方向。

4. 管水准器气泡偏离中心不得超过 1/2 格以上。

5. 观测水平角时，应尽量用十字丝单丝照准目标的下部。

五、考核评分标准

考核标准：方向观测法评分标准见表 2-3。

考核项目：方向观测法测量水平角的现场操作。

表 2-3　方向观测法评分表

测试内容	分值	操作要求及评分标准	扣分	得分	考核记录
基本操作	15 分	安置、整平仪器方法正确，操作过程无违规现象			
测量过程	40 分	上半测回：盘左照准第一个目标 A 置零，顺时针依次照准其他目标：B、C、D、A，记录各水平方向读数。否则扣 20 分			
		下半测回：盘右照准第一个目标 A，逆时针依次照准其他目标 D、C、B、A，记录各水平方向读数。否则扣 20 分			
精度要求	25 分	测量精度满足限差要求。精度评定：半测回归零差 $\Delta_0 \leq \pm 8''$，一测回 2C 互差 $\Delta_{2C} \leq \pm 13''$。否则扣 20 分			
文明作业	10 分	测量过程配合默契，无喊叫现象。测量结束后对所使用工具摆放整齐，无安全事故			
时限	10 分	时间 40 min，超时 2 min 停止操作，不计成绩			
合计					

六、练习题

1. 简述方向观测法测量过程。

2. 试完成方向观测法的记录表格（见表 2-4）。

表 2-4　方向观测法记录表

仪器型号：　　　　日期：　　　　班级：　　　　观测：
工程名称：　　　　天气：　　　　组别：　　　　记录：

测站	测回数	目标	读数 盘左 (° ′ ″)	读数 盘右 (° ′ ″)	2C 值	方向值	归零方向值	各测回归零方向值的平均值	角值
O_1	1	A	0 02 06	180 02 00					
		B	51 15 42	231 15 30					
		C	131 54 12	311 54 00					
		D	182 02 24	02 02 24					
		A	0 02 12	180 02 06					

续表

测站	测回数	目标	读数		2C 值	方向值	归零方向值	各测回归零方向值的平均值	角值
			盘左 (° ′ ″)	盘右 (° ′ ″)					

仪器型号：　　　　　日期：　　　　　班级：　　　　　观测：
工程名称：　　　　　天气：　　　　　组别：　　　　　记录：

测站	测回数	目标	盘左 (° ′ ″)	盘右 (° ′ ″)	2C 值	方向值	归零方向值	各测回归零方向值的平均值	角值
O_2	2	A	90 03 30	270 03 24					
		B	141 17 00	321 16 54					
		C	221 55 42	211 55 30					
		D	272 04 00	92 03 54					
		A	90 03 36	270 03 36					

项目二　支导线测量

一、目的要求

1. 掌握支导线点的布设方法和布设原则。
2. 掌握支导线水平角和水平距离的测量方法。
3. 掌握支导线方位角与导线点坐标的计算方法。

二、准备工作

1. 仪器工具：DJ_2 经纬仪 1 套、钢尺 1 把、测钎 1 束。
2. 自备：木桩、小钉、计算器、铅笔、刀片、草稿纸。
3. 人员组织：每 3 人一组，轮换操作。

三、要点及流程

如图 2-2 所示，在野外选点时相邻导线点间应通视良好，视野开阔，以便测角和测距，导线点应布置在地势平坦且坚实处，导线的各边长应大致相等且不短于 100 m，导线点数应不少于 4 个。

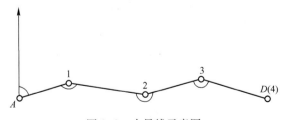

图 2-2　支导线示意图

1. 角度观测
导线点的转折角可以观测左角或右角，DJ_2 经纬仪用测回法观测一个测回，两半测回角值较差≤±20″。

2. 边长测量

用钢尺测定各导线边的边长，并进行往返测量，相对误差≤1/2000。

3. 已知条件

假定起始边坐标方位角30°00′00″和起点坐标（500.000，500.000）来计算内业。

4. 导线内业

（1）坐标方位角的推算。

（2）坐标增量的计算。

（3）坐标计算。

四、注意事项

1. 选点时，各相邻导线点间应相互通视。

2. 量距时一定要丈量两相邻导线点之间的水平距离，且相对误差≤1/2000。

3. 在校园内实习时一定要注意测量仪器、工具的安全，尤其避免行人、车辆的碰撞与碾压。

五、考核评分标准

考核标准：支导线评分标准见表2-5。

考核项目：支导线测量的现场操作。

表2-5　支导线评分表

测试内容	分值	操作要求及评分标准	扣分	得分	考核记录
基本操作	15分	在测站点上架设经纬仪并对中整平			
测量过程	40分	水平角测量步骤正确且符合要求。否则扣20分			
		距离测量步骤正确且符合要求。否则扣20分			
精度要求	25分	精度评定：两半测回角值较差≤±20″，往返测较差≤1/2000			
文明作业	10分	测量过程配合默契，无喊叫现象。测量结束后对所使用工具摆放整齐，无安全事故			
时限	10分	时间60 min，按规定时间完成，否则每超过1 min扣1分，超时5 min停止操作，不计成绩			
合计					

六、练习题

1. 何谓方位角？

2. 导线的布设形式有哪几种？选择导线点应注意哪些事项？导线的外业工作包括哪些内容？

3. 试计算下列支导线表格（见表2-6）。

表2-6 支导线计算表

点号	右角 (° ′ ″)	坐标方位角 (° ′ ″)	边长（m）	Δx(m)	Δy(m)	X(m)	Y(m)
A						366.353	104.544
B	123 45 24					383.967	172.680
			98.753				
C	152 36 45						
			56.259				
D							

项目三　闭合导线测量

一、目的要求

1. 掌握闭合导线点的布设方法和布设原则。
2. 掌握闭合导线水平角和水平距离的测量方法。
3. 掌握闭合导线方位角与导线点坐标的计算方法。

二、准备工作

1. 仪器工具：DJ_2 经纬仪 1 套、钢尺 1 把，测钎 1 束。
2. 自备：木桩、计算器、铅笔、刀片、草稿纸。
3. 人员组织：每 3 人一组，轮换操作。

三、要点及流程

1. 选点

（1）在操场选点时，相邻导线点间应通视良好，视野开阔，以便测角和测距，如图 2-3 所示。

（2）导线点应布置在地势平坦且坚实处。

（3）导线的各边长应大致相等且不短于 100 m。

（4）导线点数不少于 3 个。

2. 角度观测

导线点的转折角可以观测左角或右角，DJ_2 经纬仪用测回法观测一个测回，两半测回角值较差不大于 $\pm 20''$。

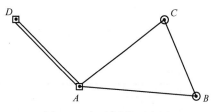

图 2-3 闭合导线示意图

角度的记录如表 2-7 所示，水平角测回数如表 2-8 所示确定。

表 2-7　导线测量外业记录表

仪器型号：　　　　　日期：　　　　　班级：　　　　　观测：

工程名称：　　　　　天气：　　　　　组别：　　　　　记录：

测点	盘位	目标	水平度盘读数 （° ′ ″）	水平角		示意图及边长
				半测回值 （° ′ ″）	一测回值 （° ′ ″）	
						边长名：_____ 第一次 =_____m 第二次 =_____m 平　均 =_____m
						边长名：_____ 第一次 =_____m 第二次 =_____m 平　均 =_____m
						边长名：_____ 第一次 =_____m 第二次 =_____m 平　均 =_____m
						边长名：_____ 第一次 =_____m 第二次 =_____m 平　均 =_____m
校核	内角和闭合差 f =					

表 2-8　导线测量水平角观测技术指标

等级	测回数			方位角闭合差 （″）
	DJ_1	DJ_2	DJ_6	
三等	8	12	——	$\pm 3\sqrt{n}$
四等	4	6	——	$\pm 5\sqrt{n}$
一级	——	2	4	$\pm 10\sqrt{n}$
二级	——	1	3	$\pm 16\sqrt{n}$
三级	——	1	2	$\pm 24\sqrt{n}$
图根	——	——	1	$\pm 30\sqrt{n}$

注：1. n 为测站数。

2. 《城市测量规范》（CJJ/T 8—2011）中规定，图根导线方位角闭合差为 $\pm 30''\sqrt{n}$。

3. 该表依据《城市测量规范》（CJJ/T 8—2011）的规定。

3. 边长测量

用钢尺测定各导线边的边长，并进行往返测量，且相对误差不大于 1/2000（主要技术要求见表 2-9）。

表 2-9 电磁波测距和钢尺量距导线的主要技术要求

等级	闭合环或附和导线长度（km）	平均边长（m）	测距中误差（mm）	测角中误差（″）	导线全长相对闭合差
三等	≤15	3000	≤18	≤1.5	≤1/60000
四等	≤10	1600	≤18	≤2.5	≤1/40000
一级	≤3.6	300	≤15	≤5	≤1/14000
二级	≤2.4	200	≤15	≤8	≤1/10000
三级	≤1.5	120	≤15	≤12	≤1/6000
图根	——	——	——	≤20	≤1/2000

注：该表依据《城市测量规范》（CJJ/T 8—2011）的规定。

4. 已知条件

假定起始边坐标方位角 30°00′00″ 和起点坐标（500.000，500.000）。

5. 导线内业

在平面控制测量的内业计算中数字取位要求见表 2-10。

表 2-10 平面控制测量的内业计算数字取位要求

等级	方向观测值及各项改正数（″）	边长观测值及各项改正数（m）	边长与坐标（m）	方位角（″）
二等	0.01	0.0001	0.001	0.01
三等	0.1	0.001	0.001	0.1
四等	0.1	0.001	0.001	0.1
一级	1	0.001	0.001	1
二级	1	0.001	0.001	1
三级	1	0.001	0.001	1

注：该表依据《城市测量规范》（CJJ/T 8—2011）的规定。

（1）角度闭合差的计算和调整。

（2）坐标方位角的推算。

（3）坐标增量的计算。

（4）坐标增量闭合差的计算和调整。

（5）坐标计算。

6. 导线闭合差调整及坐标计算表

导线闭合差调整及坐标计算表见表 2-11。

表 2-11 导线闭合差调整及坐标计算表

测量_____ 　　　　　计算_____ 　　检查_____ 　　日期_____

点号	观测角 β (° ′ ″)	改正后观测角 (° ′ ″)	方位角 α (° ′ ″)	距离 D (m)	纵增量 $\Delta x'$ (m)	横增量 $\Delta y'$ (m)	改正后 Δx (m)	改正后 Δy (m)	纵坐标 x (m)	横坐标 y (m)
1	2	3	4	5	6	7	8	9	10	11

辅助计算	$f_\beta =$ $f_{\beta允} = \pm 60'' \sqrt{n} = \pm$			$f_x =$ 　　　　　$f_y =$ $f_D = \pm \sqrt{f_x^2 + f_y^2} =$ $K =$ 　　　　　$K_允 =$

四、注意事项

1. 选点时，各相邻导线点间应相互通视。

2. 量距时一定要丈量两相邻导线点之间的水平距离，且相对误差 $\leq 1/2000$。

3. 角度闭合差的允许误差为 $f_允 = \pm 30'' \sqrt{n}$。

4. 导线全长相对闭合差 $\leq 1/2000$。

5. 在校园内实习时一定要注意测量仪器、工具的安全，尤其避免行人、车辆的碰撞与碾压。

五、考核评分标准

考核标准：闭合导线评分标准见表 2-12。

考核项目：闭合导线测量的现场操作。

表 2-12　闭合导线考核评分表

测试内容	分值	操作要求及评分标准	扣分	得分	考核记录
操作过程及精度评定	80分	在测站点上架设经纬仪并对中整平。否则扣20分			
		水平角测量步骤正确且符合要求。否则扣20分			
		距离测量步骤正确且符合要求。否则扣20分			
		精度评定：两半测回间角值较差≤±20″，往返测较差≤1/2000，否则扣20分			
文明作业	10分	测量过程配合默契、无喊叫现象、测量结束后对所使用工具摆放整齐、无安全事故			
时限	10分	时间60 min 按规定时间完成，否则每超过1 min 扣1分超时5 min 停止操作，不计成绩			
合计					

六、练习题

1. 已知直线 AB 的坐标方位角 $\alpha_{AB}=50°$，则直线 AB 的象限角 $R_{AB}=?$

2. 已知两点的坐标分别为：A（123.456，321.321）和 B（-123.456，-321.321），则 AB 间的坐标方位角 $\alpha_{AB}=?$　距离 $S_{AB}=?$

3. 试计算下列闭合导线表格（见表 2-13）（按图根导线计算）。

表 2-13　闭合导线计算表

转折角（Y）观测角（° ′ ″）	转折角（Y）改正角（° ′ ″）	坐标方位角（° ′ ″）	边长（m）	增量计算值 Δx（m）	增量计算值 Δy（m）	改正后增量 Δx（m）	改正后增量 Δy（m）	坐标 X（m）	坐标 Y（m）
		95　30　00	100.293					500.000	500.000
82　46　24			78.964						
91　08　06			137.225						
60　14　02			78.676						
125　52　12		95　30　00						500.000	500.000
辅助计算									

项目四　附合导线测量

一、目的要求

1. 掌握附合导线点的布设方法和布设原则。

2. 掌握附合导线水平角和水平距离的测量方法。

3. 掌握附合导线方位角与导线点坐标的计算方法。

二、准备工作

1. 仪器工具：经纬仪 1 套、钢尺 1 把，测钎 1 束。
2. 自备：木桩、小钉、计算器、铅笔、刀片、草稿纸。
3. 人员组织：每 3 人一组，轮换操作。

三、要点及流程

1. 导线外业

在操场选点如图 2-4 所示，在指导教师给定的 A、B、C、D 四个控制点间布设导线点、相邻导线点间应通视良好，视野开阔，以便测角和测距，导线点应布置在地势平坦且坚实处，导线点数不少于 3 个。

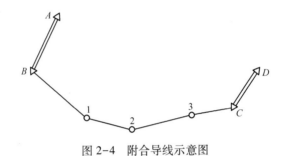

图 2-4 附合导线示意图

2. 角度观测

导线点的转折角可以观测左角或右角，用 DJ₂ 级经纬仪测回法观测一个测回，两半测回角值较差 ≤±20″ 时取它们的平均值作为转折角的角值。记录表如表 2-14 所示。

表 2-14 导线测量外业记录表

仪器型号：　　　　日期：　　　　班级：　　　　观测：
工程名称：　　　　天气：　　　　组别：　　　　记录：

测点	盘位	目标	水平度盘读数 (° ′ ″)	水平角 半测回值 (° ′ ″)	水平角 一测回值 (° ′ ″)	示意图及边长
						边长名：_____ 第一次 =_____m。 第二次 =_____m。 平　均 =_____m。

测点	盘位	目标	水平度盘读数 (° ′ ″)	水平角		示意图及边长
				半测回值 (° ′ ″)	一测回值 (° ′ ″)	
						边长名：_____ 第一次 = _____ m。 第二次 = _____ m。 平　均 = _____ m。
						边长名：_____ 第一次 = _____ m。 第二次 = _____ m。 平　均 = _____ m。
						边长名：_____ 第一次 = _____ m。 第二次 = _____ m。 平　均 = _____ m。
校核	内角和闭合差 f =					

3. 边长测量

用钢尺测定各导线边的边长，并进行往返测量且相对闭合差应≤1/2000 的要求时取往返距离之和的平均值作为边长值。

4. 已知条件

假定起始边坐标方位角 30°00′00″和起点坐标（500.000，500.000）。

5. 导线内业（内业计算中的相关数据要求详见实作三闭合导线）

（1）角度闭合差的计算和调整。

（2）坐标方位角的推算。

（3）坐标增量的计算。

（4）坐标增量闭合差的计算和调整。

（5）坐标计算。

四、注意事项

1. 选点时，各相邻导线点间应相互通视。

2. 量距时一定要丈量两相邻导线点之间的水平距离，且相对误差≤1/2000。

3. 角度闭合差的允许误差为 $f_允 = \pm 30'' \sqrt{n}$。

4. 导线全长相对闭合差≤1/2000。

5. 在校园内实习时一定要注意测量仪器、工具的安全，尤其避免行人、车辆的碰撞与碾压。

五、考核评分标准

考核标准：附合导线评分标准见表 2-15。

考核项目：附和导线测量的现场操作。

表 2-15　附合导线考核评分表

测 试 内 容	分值	操作要求及评分标准	扣分	得分	考核记录
操作过程及精度评定	80分	在测站点上架设经纬仪并对中整平。否则扣20分			
		水平角测量步骤正确且符合要求。否则扣20分			
		距离测量步骤正确且符合要求。否则扣20分			
		精度评定：两半测回间角值较差≤±20″，往返测较差≤1/2000，否则扣20分			
文明作业	10分	测量过程配合默契、无喊叫现象、测量结束后对所使用工具摆放整齐、无安全事故			
时限	10分	时间 80 min 按规定时间完成，否则每超过 1 min 扣 1 分，超时 5 min 停止操作，不计成绩			
合计					

六、练习题

1. 如图 2-5 所示，根据图中 AB 边坐标方位角及水平角，计算其余各边方位角。

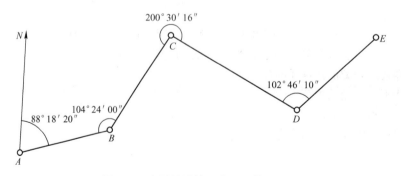

图 2-5　支导线计算示意图（第 1 题）

2. 附合导线 *AB*12*CD* 的观测数据如图 2-6 所示，试用表格计算 1、2 两点的坐标。

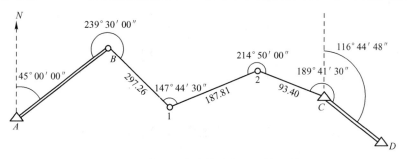

图 2-6　附和导线计算示意图（第 2 题）

3. 试计算附合导线表格见表 2-16。（按图根导线计算）

表 2-16　附和导线内业计算

点号	转折角（Υ）		坐标方位角 (° ′ ″)	边长 (m)	增量计算值		改正后增量		坐　标	
	观测角 (° ′ ″)	改正角 (° ′ ″)	290 21 00		Δx (m)	Δy (m)	Δx (m)	Δy (m)	X (m)	Y (m)
1										
2	291 07 50			388. 06					8865. 810	5055. 330
3	174 45 20			283. 38						
4	143 47 40			359. 89						
5	128 53 00			161. 93						
6	222 53 30		351 49 02						9846. 690	5354. 037
7										
辅助 计算										

项目五　单三角锁测量

一、目的要求

1. 掌握单三角锁点位布设方法和布设原则。

2. 掌握单三角锁水平角的测量方法。

3. 掌握单三角锁近似平差的计算方法。

二、准备工作

1. 仪器工具：经纬仪 1 套、钢尺 1 把，测钎 1 束。
2. 自备：木桩、小钉、计算器、铅笔、刀片、草稿纸。
3. 人员组织：每 3 人一组，轮换操作。

三、要点及流程

（1）先在操场选点，如图 2-7 所示，在地势平坦坚固处选约 200 m 一段距离作为基线，用全站仪测量两个测回。

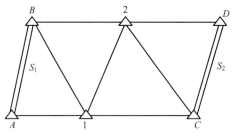

图 2-7　单三角锁示意图

（2）再选三点与此两点构成相互连接的直伸三角锁，使各三角形的内角以 60° 左右为宜，相邻点间通视良好。

（3）并对各点进行编号，画出草图后不得随意更改，以免混淆。

（4）在各三角点上观测水平角时，若观测方向为两个时，用测回法；若三个或多于三个时，用方向观测法。边角组合网的主要技术指标见表 2-17，边角组合网水平角观测技术指标见表 2-18。

表 2-17　边角组合网的主要技术指标

等级	平均边长（km）	测角中误差（"）	测距中误差（mm）	起始边边长相对中误差	测距相对中误差	最弱边边长相对中误差
二等	9.0	≤1.0	≤30	≤1/300000	≤1/300000	≤1/300000
三等	5.0	≤1.8	≤30	≤1/200000（首级） ≤1/120000（加密）	≤1/160000	≤1/80000
四等	2.0	≤2.5	≤16	≤1/120000（首级） ≤1/80000（加密）	≤1/120000	≤1/45000
一级	1.0	≤5.0	≤16	≤1/40000	≤1/60000	≤1/20000
二级	0.5	≤10.0	≤16	≤1/20000	≤1/30000	≤1/10000
图根小三角	不大于测图最大视距的 1.7 倍	≤20.0	——	≤1/10000	——	——

注：该表依据《城市测量规范》（CJJ/T 8—2011）的规定。

表 2-18　边角组合网水平角观测技术指标

等级	测角中误差	三角形最大闭合差	平均边长	方向观测测回数		
				DJ$_1$	DJ$_2$	DJ$_6$
二等	≤1.0	±3.5	≥9	15	——	——
			≤9	12	——	——
三等	≤1.8	±7.0	>5	9	12	——
			≤5	6	9	——
四等	≤2.5	±9.0	≥2	6	9	——
			≤2	4	6	——
一级	≤5.0	±15.0	——	——	2	6
二级	≤10.0	±30.0	——	——	1	2
图根	≤20.0	±60.0	不大于测图最大视距的1.7倍	——	——	1

注：该表依据《城市测量规范》（CJJ/T 8—2011）的规定。

（5）测量完后，按相应的角度观测顺序填入单三角锁近似平差表中进行计算。

① 角度闭合差的计算和调整。

三角形三内角观测之和（$a_i+b_i+c_i$）与其理论值 180°的差值，称为三角形闭合差，则有各角的第一次改正值，用 ω_i 表示

$$\omega_i = (a_i+b_i+c_i) - 180°$$

② 基线闭合差的计算和调整。

令
$$\omega_{基} = \left[1 - \frac{S_2 \cdot \prod\limits_{i=1}^{4} \sin b_i'}{S_1 \cdot \prod\limits_{i=1}^{4} \sin a_i'} \right] \cdot \rho''$$

即得基线条件方程式的最后形式

$$\sum_{i=1}^{4} \cot a_i' v_{a_i}'' - \sum_{i=1}^{4} \cot b_i' v_{b_i}'' + \omega_{基} = 0$$

得第二次角度改正值即

$$v''a_i = - v''b_i = - \frac{\omega_{基}}{\sum\limits_{i=1}^{4}(\cot a_i' + \cot b_i')}$$

③ 三角形边长的计算。

利用第二次改正后的角值 A_i、B_i、C_i 和起始边 S_1 根据正弦定理逐边计算各边长。

④ 小三角点的坐标计算。

由起始点的坐标及起始边的方位角经任意选定的计算路线，按导线坐标计算的方法，计算各小三角点的坐标。

四、注意事项

1. 单三角锁的测角工作量较大，实习时不得着急，画好草图，一点一站，每个站校核

51

合格后再迁站测下一点，否则出了问题很难发现。

2. 如要进行基线条件限差检核时，单三角锁两端需各有一条起始边。

3. 单三角锁对测角的精度要求很高，每站必须达到相应等级测量规范的要求，否则测角中误差与基线条件自由项限差会超限。

4. 单三角锁中的三角点进行坐标计算时需假定起始边方位角与起始点中任意一点坐标。

五、考核评分标准

考核标准：单三角锁评分标准见表 2-19。

考核项目：单三角锁测量的现场操作。

表 2-19 单三角锁评分表

测 试 内 容	分值	操作要求及评分标准	扣分	得分	考 核 记 录
操作过程及精度评定	80 分	在测站点上架设经纬仪并对中整平。否则扣 10 分			
		水平角测量步骤正确且符合要求。否则扣 10 分			
		距离测量步骤正确且符合要求。否则扣 10 分			
		精度评定：三角形闭合差符合要求 15 分；测角中误差符合要求 15 分；基线条件自由项限差符合要求 20 分			
文明作业	10 分	测量过程配合默契，无喊叫现象。测量结束后对所使用工具摆放整齐，无安全事故			
时　限	10 分	时间 120 min 按规定时间完成，否则每超过 3 min 扣 1 分，超时 15 min 停止操作，不计成绩			
合计					

六、练习题

1. 何谓小三角测量？有哪几种布设形式？

2. 何谓线形锁和线形网，它们在布设方法和精度方面有何区别？

3. 如图 2-8 所示，小三角锁的观测数据和已知数据如下：

观测值

$$a_1 = 48°01'38''\qquad a_2 = 50°06'03''\qquad a_3 = 65°18'58''$$
$$b_1 = 48°23'25''\qquad b_2 = 60°18'10''\qquad b_3 = 52°07'02''$$
$$c_1 = 83°34'54''\qquad c_2 = 69°35'34''\qquad c_3 = 62°34'05''$$

已知数据

$$x_A = 1000.000 \text{ m}, y_A = 1000.000 \text{ m}; \alpha_{AB} = 95°10'00''; D_0 = 177.931 \text{ m}; D_n = 179.904 \text{ m}$$

试用表格进行闭合差的调整和边长计算，并计算出各点的坐标。

4. 线形锁中最弱边和最弱点各在什么部位？计算最弱边相对中误差和最弱点的点位中误差各有哪些步骤？

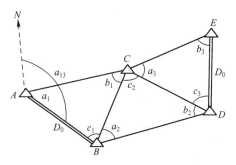

图 2-8　小三角锁示意图

项目六　中点多边形测量

一、目的要求

1. 掌握中点多边形点位布设方法和布设原则。
2. 掌握中点多边形水平角的测量方法。
3. 掌握中点多边形近似平差的计算方法。

二、准备工作

1. 仪器工具：经纬仪 1 套、钢尺 1 把，测钎 1 束。
2. 自备：木桩、小钉、计算器、铅笔、刀片、草稿纸。
3. 人员组织：每 3 人一组，轮换操作。

三、要点及流程

（1）如图 2-9 所示，先在野外地势平坦坚固处选约 200 m 一段距离作为基线，用全站仪测量一个测回。

（2）再选四点与此两点构成相互连接的三角形，使各三角形的内角以 60° 左右为宜，相邻点间通视良好，仰俯角不易过大。

（3）并对实地各点进行编号，画出草图后不得随意更改，以免混淆。

（4）在各三角点上观测水平角时，若观测方向为两个时，用测回法；若三个或多于三个时，用方向观测法。

（5）测量完后，按相应的角度观测顺序填入中点多边形近似平差记录表中进行计算。（其他相关技术要求详见本模块项目五中的表 2-16 和表 2-17）

① 角度闭合差的计算和调整。

计算各三角形的闭合差

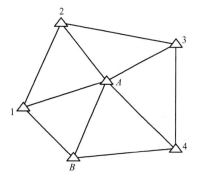

图 2-9　中点多边形示意图

$$\omega_i = (a_i + b_i + c_i) - 180°$$

② 极条件闭合差的计算和调整。

$$\omega_{极} = \left[\frac{\prod\limits_{i=1}^{n} \sin b_i'}{\prod\limits_{i=1}^{n} \sin a_i'} - 1 \right] \cdot \rho''$$

则得各传距角第二次改正值为

$$v_{a_i}'' = -v_{b_i}'' = \frac{\omega_{极}}{\sum\limits_{i=1}^{4} (\cot a_i' + \cot b_i')}$$

③ 边长及小三角点的坐标计算。

用经过第二次改正后的角值 A_i、B_i、C_i，从已知边依次推算各边边长，最后推算到该已知边，作为计算的检核。

四、注意事项

1. 中点多边形对测角的精度要求也很高，每站必须达到相应等级测量规范的要求，否则测角中误差会超限。

2. 中点多边形中的三角点进行坐标计算时需假定起始边方位角与起始点中任意一点坐标。

五、考核评分标准

考核标准：中点多边形评分标准见表 2-20。

考核项目：中点多边形测量的现场操作。

表 2-20　中点多边形评分表

测 试 内 容	分值	操作要求及评分标准	扣分	得分	考核记录
操作过程及精度评定	80分	在测站点上架设经纬仪并对中整平。否则扣20分			
		水平角测量步骤正确且符合要求。否则扣20分			
		距离测量步骤正确且符合要求。否则扣20分			
		精度评定：三角形闭合差符合要求15分；测角中误差符合要求15分；基线条件自由项限差符合要求20分			
文明作业	10分	测量过程配合默契，无喊叫现象。测量结束后对所使用工具摆放整齐，无安全事故			
时　限	10分	时间150min 按规定时间完成，否则每超过4min扣1分，超时20min停止操作，不计成绩			
		合计			

六、练习题

1. 小三角点的选点如何进行？其外业工作包括哪些？
2. 中点多边形内业数据的近似平差计算？

项目七　大地四边形测量

一、目的要求

1. 掌握大地四边形点位布设方法和布设原则。
2. 掌握大地四边形水平角的测量方法。
3. 掌握大地四边形近似平差的计算方法。

二、准备工作

1. 仪器工具：经纬仪 1 套、钢尺 1 把，测钎 1 束。
2. 自备：木桩、小钉、计算器、铅笔、刀片、草稿纸。
3. 人员组织：每 3 人一组，轮换操作。

三、要点及流程

（1）如图 2-10 所示，先在野外地势坚固处选约 200 m 一段距离，图 2-10 中以 *A*、*B* 两点作为基线，用全站仪测量一个测回。

（2）再选两点构成相互连接的四边形，使各四边形的内角以 90°左右为宜，相邻点间通视良好，仰俯角不易过大。

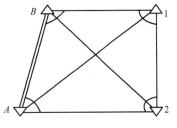

图 2-10　大地四边形示意图

（3）对各点进行编号，画出草图后不得随意更改，以免混淆。

（4）在各三角点上观测水平角时，若观测方向为两个时，用测回法；若三个或多于三个时，用方向观测法。

（5）测量完后，按相应的角度观测顺序填入大地四边形近似平差记录表中进行计算。（其他相关技术要求详见表 2-16 和表 2-17）

① 角度闭合差的计算和调整。

由于角度观测存在误差，而产生角度闭合差，分别设为 ω、ω_1、ω_2，则

$$\sum a_i + \sum b_i - 360° = \omega$$
$$a_1 + b_1 - (a_3 + b_3) = \omega_1$$
$$a_2 + b_2 - (a_4 + b_4) = \omega_2$$

② 极条件闭合差的计算和调整。

$$\omega_{\text{极}} = \left(\frac{\prod \sin b'_i}{\prod \sin a'_i} - 1 \right) \cdot \rho''$$

$$v''_{a_i} = -v''_{b_i} = \frac{\omega_{极}}{\sum_{i=1}^{4}(\cot a'_i + \cot b'_i)}$$

③ 边长及各小三角点的坐标计算。

同样按平差后的各角值和已知边推算各边长。

四、注意事项

1. 大地四边形的测角工作量较大，要细心。

2. 大地四边形对测角的精度要求也很高，每站必须达到测量规范要求，否则测角中误差会超限。

3. 大地四边形中的三角点进行坐标计算时需假定起始边方位角与起始点中任意一点坐标。

五、考核评分标准

考核标准：大地四边形评分标准见表 2-21。

考核项目：大地四边形测量的现场操作。

表 2-21　大地四边形评分表

测试内容	分值	操作要求及评分标准	扣分	得分	考核记录
操作过程及精度评定	80 分	在测站点上架设经纬仪并对中整平。否则扣 20 分			
		水平角测量步骤正确且符合要求。否则扣 20 分			
		距离测量步骤正确且符合要求。否则扣 20 分			
		精度评定：三角形闭合差符合要求 15 分；测角中误差符合要求 15 分；基线条件自由项限差符合要求 20 分			
文明作业	10 分	测量过程配合默契，无喊叫现象。测量结束后对所使用工具摆放整齐，无安全事故			
时限	10 分	时间 120 min 按规定时间完成，否则每超过 3 min 扣 1 分，超时 15 min 停止操作，不计成绩			
合计					

六、练习题

1. 小三角测量与导线测量相比有哪些优缺点？

2. 大地四边形主要用于什么测量中？

3. 基线的作用是什么？基线丈量应进行哪些改正？

项目八　四等水准测量

一、目的要求

1. 掌握用双面水准尺进行四等水准测量的观测、记录、计算方法。
2. 掌握测站及水准路线的检核方法。

二、准备工作

1. 仪器工具：DS_3 水准仪 1 套、双面水准尺 1 套、尺垫 2 个。
2. 自备：四等水准测量表格、计算器、铅笔、刀片、草稿纸。
3. 人员组织：每 3 人一组，轮换操作。

三、要点及流程

（1）选定一条附合水准路线，其长度以安置 4 ~ 6 个测站为宜，沿线标定待定点的地面标志。

（2）在起始点与第一个立尺点之间设站，安置好水准仪并精确整平后，按下列顺序观测：后视黑面尺，读取下、上、中丝读数，分别记入记录表顺序栏中；后视红面尺，读取中丝读数，分别记入记录表相应顺序栏中；前视黑面尺，读取下、上、中丝读数，分别记入记录表中；前视红面尺，读取中丝读数，记入记录表中。这种观测顺序简称"后后前前、黑红黑红"。

（3）各种观测记录完毕应立即计算，记录表如表 2-22 所示。

表 2-22　四等水准记录表

仪器型号：		日期：		班级：		观测：				
工程名称：		天气：		组别：		记录：				

测站编号	点号	后尺 上丝 下丝	前尺 上丝 下丝	方向及尺号	水准尺读数（m）		K+黑-红（mm）	平均高差（m）	备注		
		后视距	前视距		黑面	红面					
		视距差 d(m)	$\sum d$(m)								
		(1)	(4)	后	(3)	(8)	(14)				
		(2)	(5)	前	(6)	(7)	(13)				
		(9)	(10)	后-前	(15)	(16)	(17)	(18)			
		(11)	(12)								

续表

测站编号	点号	后尺 上丝 下丝	前尺 上丝 下丝	方向及尺号	水准尺读数（m） 黑面 红面	K+黑-红（mm）	平均高差（m）	备注			
		后视距	前视距								
		视距差 d(m)	$\sum d$(m)								
校核											

相关要求如下所述：

（1）依次设站，同法施测其他各站。

（2）全线施测完毕后计算（相关技术要求见表 2-23～表 2-26）：

① 路线总长（即各站前后视距之和）。

② 各站前后视距之和应与最后一站累积视距差相等。

③ 各站后视读数和，各站前视读数和，各站高差中数之和应为上两项之差的 1/2。

④ 路线闭合差应符合限差要求。

⑤ 各站高差改正数及各待定点的高程。

（3）水准测量的测站观测限差见表 2-23。采用光学水准仪时的视线长度、前后视距差、视线高度的要求见表 2-24，采用数字水准仪时的视线长度、前后视距差、视线高度的要求见表 2-25，各等水准测量的主要技术指标见表 2-26，水准测量的数字取位要求见表 2-27。

表 2-23　水准测量的测站观测限差（mm）

等级		上下丝读数平均值与中丝读数差 5 mm 刻划标尺	上下丝读数平均值与中丝读数差 10 mm 刻划标尺	基辅分划或黑红面读数的差	基辅分划或黑红面所测高差的差	单程双转点法观测左右路线转点差	检测间歇点高差的差
二等		1.5	3.0	0.4	0.6	——	1.0
三等	光学测微法	——	——	1.0	1.5	1.5	3.0
	中丝读数法	——	——	2.0	3.0	——	3.0
四等		——	——	3.0	5.0	4.0	5.0

注：该表依据《城市测量规范》（CJJ/T 8—2011）的规定。

表 2-24 采用光学水准仪时的视线长度、前后视距差、视线高度的要求（m）

等级	仪器类型	视线长度	前后视距差	任一测站上前后视距差累积	视线高度
二等	DS$_1$	≤50	≤1	≤3	下丝读数≥0.3
	DS$_{05}$	≤60			
三等	DS$_3$	≤75	≤2	≤5	三丝能读数
	DS$_1$ DS$_{05}$	≤100			
四等	DS$_3$	≤100	≤3	≤10	三丝能读数
	DS$_1$ DS$_{05}$	≤100			

注：该表依据《城市测量规范》（CJJ/T 8—2011）的规定。

表 2-25 采用数字水准仪时的视线长度、前后视距差、视线高度的要求（m）

等级	仪器类别	视线长度	前后视距差	任一测站上前后视距差累积	视线高度	重复测量次数
二等	DSZ$_1$ DSZ$_{05}$	≥3	≤1.5	≤3	≥0.55	≥2 次
三等	DSZ$_1$ DSZ$_{05}$	≤100	≤2	≤5	三丝能读数	≥2 次
四等	DSZ$_1$ DSZ$_{05}$	≤100	≤3	≤10	三丝能读数	≥2 次

注：该表依据《城市测量规范》（CJJ/T 8—2011）的规定。

表 2-26 各等水准测量的主要技术指标（mm）

等级	每千米高差中数中误差		测段、区段、路线往返测高差不符值	测段、路线的左右路线高差不符值	附和路线或环线闭合差		检测已测测段高差之差
	偶然中误差 M_Δ	全中误差 M_W			平原、丘陵	山区	
二等	≤1	≤2	$\pm 4\sqrt{L_s}$	——	$\pm 4\sqrt{L}$		$\pm 6\sqrt{L_i}$
三等	≤3	≤6	$\pm 12\sqrt{L_s}$	$\pm 8\sqrt{L_s}$	$\pm 12\sqrt{L}$	$\pm 15\sqrt{L}$	$\pm 20\sqrt{L_i}$
四等	≤5	≤10	$\pm 20\sqrt{L_s}$	$\pm 14\sqrt{L_s}$	$\pm 20\sqrt{L}$	$\pm 25\sqrt{L}$	$\pm 30\sqrt{L_i}$

注：① L_s——测段、区段或路线长度（km）；

L——附和路线或环线长度（km）；

L_i——检测测段长度（km）。

② 山区指路线中最大高差大于 400 m 的地区。

③ 该表依据《城市测量规范》（CJJ/T 8—2011）的规定。

表 2-27 水准测量的数字取位要求

等级	往返测距离总和（km）	往返测距离中数（km）	各测站高差（mm）	往测高差总和（mm）	往返测高差中数（mm）	高程（mm）
二等	0.01	0.1	0.01	0.01	0.1	0.1
三等	0.01	0.1	0.1	1.0	1.0	1.0
四等	0.01	0.1	0.1	1.0	1.0	1.0

注：该表依据《城市测量规范》（CJJ/T 8—2011）的规定。

四、注意事项

1. 每站观测结束后应当立即检核，若有超限则重测该测站。

2. 四等水准测量作业的集体观念很强，全组人员一定要互相合作，密切配合。

3. 记录者要认真负责，当听到观测者所报读数后，要回报给观测者，经确认后，方可记入记录表中。如果发现有超限现象，应立即告诉观测者进行重测。

4. 记录的字迹要工整、整齐、整洁。

5. 仪器前后尺视距一般不超过 80 m。

6. 四等水准测量记录计算比较复杂，要多想多练，步步校核，才能熟能生巧。

五、考核评分标准

考核标准：

1. 预选一段闭合水准路线进行测量，长度在 1000 m 以上。

2. 闭合差符合《城市测量规范》（CJJ/T 8—2011）要求，$\Delta f_{h容} = \pm\sqrt{L}$（mm）。L 以公里为单位。

3. 按照规定程序进行操作：①仪器使用前检查；②高程测量；③计算；④复核闭合差；⑤高程的调整。

4. 四等水准测量评分标准见表 2-28。

考核项目：四等水准测量的现场操作。

表 2-28　四等水准测量评分标准

测 试 内 容	分值	操作要求及评分标准	扣分	得分	考 核 记 录
操作过程及精度评定	80 分	仪器准备齐全。否则扣 2 分/件			
		自动安平水准仪，安置合格后读数，否则扣 5 分/次			
		水准尺的米、分米、厘米读数正确，未达到读数正确扣 3 分/次			
		各点高差测量正确，否则扣 8 分/点			
		记录、计算，经复核正确，否则扣 1 分/点			
		复核闭合差在允许范围内，否则扣 1 分			
		闭合差分配正确，否则扣 3 分/点			
文明作业	10 分	安置自动安平水准仪正确，否则扣 1 分；仪器零件无损坏，否则每件扣 2 分			
时　限	10 分	时间 30 min 按规定时间完成，否则每超过 1 min 扣 1 分			
		本人确认无不安全因素，否则扣 1 分/次			
		记录无涂改，否则扣 1 分/处			
合计					

六、练习题

1. 高程控制网有哪几种形式？

2. 附合水准测量如图 2-11 所示，图中注明了各测段观测高差以及路线长度，问该水准路线能否满足四等水准测量的闭合差要求？为什么？并计算各待定点的正确高程。

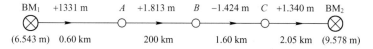

图 2-11　附和水准测量示意图（第2题）

3. 如表 2-29 所示，完成四等水准测量计算。（注 $K_1 = 4687$mm，$K_2 = 4787$mm）。

表 2-29　四等水准记录表

仪器型号： 工程名称：	日期： 天气：		班级： 组别：	观测： 记录：					

测站编号	点号	后尺　上丝/下丝	前尺　上丝/下丝	方向及尺号	水准尺读数（m）		K+黑-红（mm）	平均高差（m）	备注
		后视距	前视距		黑面	红面			
		视距差 d(m)	∑d(m)						
		(1)	(4)	后	(3)	(8)	(14)		
		(2)	(5)	前	(6)	(7)	(13)		
		(9)	(10)	后-前	(15)	(16)	(17)	(18)	
		(11)	(12)						
1	BM₁ ～ ZD₁	1891 1525	0758 0390		1708 0574	6395 5361			
2	ZD₁ ～ ZD₂	2746 2313	0867 0425		2530 0646	7319 5333			
3	ZD₂ ～ ZD₃	2043 1502	0849 0318		1773 0584	6459 5372			
4	ZD₃ ～ BM₂	1167 0655	1677 1155		0911 1416	5969 6102			
校核									

项目九 二等精密水准测量

一、目的要求

1. 熟悉精密水准仪的各个部件及作用。
2. 掌握精密水准仪的使用方法和读数方法。
3. 掌握二等水准测量一个测站上的观测、记录、计算的内容和方法。
4. 掌握二等闭合水准路线的观测。

二、准备工作

1. 场地选择：预选一段闭合水准路线进行测量，线路长度至少1000 m以上。
2. 仪器工具：每组配备 DS_{05} 级精密水准仪1台，精密水准尺1对，尺台2个。
3. 人员组织：每3人一组，轮换操作。

三、要点及流程

（1）选择相距30～50m的两处安放尺台，并在尺台上竖立水准尺（须使圆水准气泡居中）。规定其中一点为 A 点，另一点为 B 点，在两尺中间安置仪器，整平，照准 A 尺，依次读取中丝、下丝和上丝读数，转动仪器照准 B 尺，依次读出中丝、下丝和上丝读数。

（2）计算前后视距差是否超限。若超限，移动仪器位置（移动量为视距差的一半）重新按上述操作进行调试。前后视距差未超限时，继续读 B 尺的第二次中丝读数，转动仪器照准 A 尺，读 A 第二次中丝读数。计算 A、B 两点间高差（精确至0.01 mm）。

（3）轮流进行观测、记录、计算、扶尺工作。并对 DS_{05} 精密水准仪和精密水准尺进行观察、安置并读取4～6尺读数。记录表如表2-30所示。

表2-30 二等水准测量记录表

仪器型号：　　　　日期：　　　　班级：　　　　观测：
工程名称：　　　　天气：　　　　组别：　　　　记录：

测站编号	点号	后尺 上丝 下丝 / 后视距 / 视距差 d(m)	前尺 上丝 下丝 / 前视距 / $\sum d$(m)	方向及尺号	标尺读数 基本分划（一次）	标尺读数 辅助分划（二次）	基+K-辅（一减二）	备注
		(1)	(5)	后	(3)	(8)	(14)	
		(2)	(6)	前	(4)	(7)	(13)	
		(9)	(10)	后-前	(15)	(16)	(17)	
		(11)	(12)	h	(18)			
				后				
				前				
				后-前				
				h				

续表

测站编号	点号	后尺 上丝 / 下丝		前尺 上丝 / 下丝		方向及尺号	标尺读数		基+K-辅（一减二）	备注
		后视距		前视距			基本分划（一次）	辅助分划（二次）		
		视距差 $d(\mathrm{m})$		$\sum d(\mathrm{m})$						
						后				
						前				
						后-前				
						h				
						后				
						前				
						后-前				
						h				
						后				
						前				
						后-前				
						h				
						后				
						前				
						后-前				
						h				
校核										

（4）二等水准测量的施测

记录与计算：以往测奇数测站的观测程序为例，来说明计算内容与计算步骤（见表2-30）。表中第（1）至（8）栏是读数的记录部分，（9）至（18）栏是计算部分。

视距部分的计算

$$（9）=（1）-（2）$$
$$（10）=（5）-（6）$$
$$（11）=（9）-（10）$$
$$（12）=（11）+前站（12）$$

高差部分的计算与检核

$$（14）=（3）+K-（8）$$

式中　　K——基辅差（威尔特 N_3 水准尺而言，$K=3.0155$）。

$$（13）=（4）+K-（7）$$
$$（15）=（3）-（4）$$
$$（16）=（8）-（7）$$

$$(17) = (14) - (13) = (15) - (16) \quad 检核$$

$$(18) = \frac{1}{2} \left[(15) + (16) \right]$$

在相邻测站上，按奇、偶数测站的程序进行观测。

往测时的观测程序为：

① 奇数测站：后视基本分划→前视基本分划→前视辅助分划→后视辅助分划。

② 偶数测站：前视基本分划→后视基本分划→后视辅助分划→前视辅助分划。返测时，奇数测站和偶数测站的观测程序与往测时相反。

（5）指导教师给定一个已知点和若干个未知点，构成闭合水准路线。从给定的已知点出发，按照水准测量进行的方法，依次测至各个未知点，最后再测回至该已知点。

（6）测站上的观测、记录、计算及其检核的方法与精密水准仪的使用相同。观测工作结束后，应进行成果检核：各测段高差之和为高差闭合差 f_h。根据指导教师给定的水准路线总长 R 计算容许高差闭合差 F_h。二者比较，即可判断观测是否达到精度。

四、注意事项

1. 每次读数前，首先使管水准气泡符合。

2. 观测时扶尺要稳，并注意尺上的圆水准气泡居中。

3. 转动侧微轮动作要轻，严禁强力旋转。

4. 水准尺要扶直。若扶尺者暂时离开水准尺、应将其平放在地上（正面朝上）或斜靠在稳定处，以防被摔。

5. 注意防止尺面受到磨损，影响刻划清晰度。

6. 本次实习的闭合水准路线只进行单程观测。

7. 安置仪器整平时，应注意前后视距差值在规定范围并顾及视距差累计值。

五、考核评分标准

考核标准：精密水准测量评分标准见表2-31。

考核项目：精密水准测量的作业过程。

表2-31　精密水准测量评分标准

测 试 内 容	分值	操作要求及评分标准	扣分	得分	考核记录
操作过程及精度评定	80分	仪器准备齐全。否则扣2分/件10分			
		精密水准仪安置合格后读数，否则扣5分/次			
		水准尺的基本分划读数正确，辅助分划读数正确			
		各点高差测量正确，否则扣8分/点			
		记录、计算，经复核正确，否则扣1分/点			
		复核闭合差在允许范围内，否则扣1分			
		闭合差分配正确，否则扣3分/点			

测 试 内 容	分值	操作要求及评分标准	扣分	得分	考 核 记 录
文明作业	10 分	安置精密水准仪正确，否则扣 1 分； 仪器零件无损坏，否则每件扣 2 分			
时限	10 分	按规定时间 40 min 完成，否则每超过 1 min 扣 1 分			
		本人确认无不安全因素，否则扣 1 分/次			
		记录无涂改，否则扣 1 分/处			
合计					

六、练习题

1. 二等水准测量有哪些限差规定和技术要求？

2. 什么是倾斜螺旋标准位置？为什么在观测之前要先找出标准位置？它在观测中有何作用？

项目十　GNSS 布设控制点

一、目的要求

1. 掌握 GNSS 测量的基本操作。

2. 掌握 GNSS 控制测量作业的全过程。

3. 掌握 GNSS 静态和动态测量数据处理的基本知识。

二、准备工作

1. 仪器工具：GNSS 接收机 4 台、记录板、电子手簿。

2. 自备：木桩、小钉、计算器、铅笔、刀片、草稿纸。

3. 人员组织：每 4 人一组，轮换操作。

三、要点及流程

1. 测量前的工作

（1）在技能测试场地进行测量控制点的标志（不少于三个点）。

（2）检查接收机设备的各部件是否齐全、完好，紧固部件是否松动、脱落；通电设备是否关闭信号灯；按键、显示系统和仪表等工作是否正常；气象测量仪表、通风干湿温度计和空盒气压计是否齐全；天线底座的圆水准器和光学对点器是否进行检验等。

（3）根据测试场地的位置，通过卫星定位可见预报选择满足测量的时段，明确观测卫星的角度截止角（15°或 10°）。

2. GNSS 外业的观测

（1）在所选点上利用三角架在测量标志点的中心上方安置 GNSS 接收机，安置天线并测量天线高度，尽量采用直接对中观测，避免偏心观测。

（2）用接收机捕获 GPS 卫星信号，对其进行跟踪，接收和处理，获取所需的定位观测数据。

3. 基线解算与网平差

根据两测点同步观测的相位观测值，进行相对定位解算，算出两点间坐标差。

四、注意事项

1. 设定测量控制点时，其周围应便于安置 GNSS 接收机和天线，且视野开阔，周围障碍物高度不应大于 15°。

2. 点位要远离大功率无线电发射源、高压电线等，以免电磁场对信号的干扰。

3. 相同的精度情况下，卫星的几何图形强度越好，定位精度越高，即 GDOP 越小，定位精度越高，所以应选择最佳观测时段。

4. 天线的定向标志应指向正北，并考虑当地磁偏角的影响，以减弱相对中心偏差的影响。定向的误差一般不应超过 $-5° \sim -3°$ 和 $3° \sim 5°$。

5. 在各观测时段前后，精密量测两次天线高。两次量测结果相差不应超过 3mm，并取其平均值。

6. 在确认外接电源电缆及天线等各项连接无误后，方可接通电源，在接收机预置状态正确时，方可启动接收机。

7. 开机后接收机的仪表数据显示正常时，才能进行自动测试和输入有关测站及时段控制信息。

8. 接收机开始记录数据后，观测员应使用功能键和选择菜单查看测站信息，接收卫星数量、卫星号、各通道信噪比，相位测量残差、实时定位结果及其变化和存储介质等情况。

9. 在一个观测过程中，接收机不得关闭重新启动；不准改变卫星高度角的限值和天线高；观测员应注意防止接收设备震动，更不能移动；不得碰动天线或阻挡信号。

10. 经检查所有作业均按规定完成并符合要求，方可迁站。

11. 天线地板上的圆水准气泡必须居中。

五、考核评分标准

考核标准：GNSS 布设控制点评分标准见表 2-32。

考核项目：GNSS 布设控制点的现场操作。（已知 A、B 两点坐标，利用 GNSS 求任意点坐标。）

表 2-32　GNSS 布设控制点成绩评定表

测试内容	分值	操作要求及评分标准	扣分	得分	考核记录
工作态度	10 分	仪器、工具轻拿轻放，装箱正确，文明操作			
操作过程	20 分	熟练、规范、正确			
测量和记录	20 分	方法、过程正确合理			
内外业衔接与传输	10 分	方法正确，操作熟练，结果无误			
内业成果解算	30 分	方法正确、合理，操作熟练			
成果评定	10 分	方法和结果均正确			
		合计			

六、练习题

1. GNSS 测量与传统测量方式有什么不同？
2. GNSS 静态测量用什么方式？相应的动态测量用什么方式？
3. 高度截止角和高度角分别指什么？
4. GNSS 测量的数据传输处理时如何实现的？
5. 为什么 GNSS 定位点要选在地形开阔的地带？

项目十一　用视距法作一个测站上的碎部测量工作

一、目的要求

掌握用视距法测绘地形时，在一个测站上的工作步骤及测量方法。

二、准备工作

1. 仪器工具：经纬仪 1 台，视距尺 1 根，计算盘 1 个，记录板 1 块，花杆。
2. 自备：记录表 1 张，铅笔，小刀，视距计算表。
3. 人员组织：每 3 人一组，轮换操作。

三、要点及流程

3 人一组，在实验场地内选定 A、B 两点（距离约 40 m），做出标志，用罗盘仪测出 A、B 直线的方位角。按一个观测，一个记录，一个立水准尺或标杆，测出学科楼东北角、西北角和西南角特征点的相应数据。

用经纬仪测绘法，其观测步骤如下所述。

（1）安置仪器：将经纬仪安置于测站点 A，量取仪器高（读至厘米）。（假定 $H_A = 100$ m）

（2）对中，整平。

（3）定向：置水平度盘的读数为 0000/00// 后视另一控制 B。（B 点上立花杆）。

（4）立尺：立尺人依次将水准尺立在地物的特征点上。

（5）观测：转动照准部，严格按照仪器操作步骤瞄准特征点处水准尺（此时经纬仪上丝、中丝、下丝所对应水准尺刻度都应可读）。

① 读水平度盘读数（读到分），并记录。

② 对水准尺上、中、下三丝读数，并记录。

（6）计算：视距测量的公式 　　$D = KL\cos 2\alpha$ 　　$H = \dfrac{KL\sin 2\alpha + i - v}{2}$

四、注意事项

1. 在读取竖盘读数时，必须使竖盘指标的水准器居中。
2. 在读取竖盘读数时，十字丝应照准仪器高处，如不能照准该读数，则应记取 i 值。
3. 计算高差时要注意高差的符号。
4. 尺子必须立直，如尺子不立直不能读数。

五、考核评分标准

考核标准：视距测量成绩评定标准见表2-33。

考核项目：视距测量的现场操作。

表2-33　视距测量成绩评定表

测 试 内 容	分值	操作要求及评分标准	扣分	得分	考 核 记 录
工作态度	10分	仪器、工具轻拿轻放，装箱正确，文明操作			
操作过程	30分	操作熟练、规范，方法步骤正确、不缺项			
读数	15分	读数正确、规范			
记录	15分	记录正确、规范			
计算	20分	计算快速正确、规范、齐全			
综合印象	10分	动作规范、熟练、文明作业			
合计					

注：每人交碎部测量原始数据记录表一份和数据处理计算表格一份。

六、练习题

1. 在测地形时应选择什么样的地方立尺？为什么要选择这样的地方？

2. 为什么要再一次照准起始方向，以检查水平盘读数；如果发现已不是0°，这说明什么问题？

3. 在读取读数时，为什么对竖盘读数的精度要求要高于水平盘的读数？

4. 为什么在读取视距读数时，既要求下丝切于整分米分划，又要求中丝在仪器高附近？

模块三

地形图测绘

项目一 CASIO *fx-4800P* 计算器在测量中的使用

一、目的要求

1. 熟悉 CASIO *fx-4800P* 计算器的一般使用。
2. 掌握计算器编程方法。

二、准备工作

1. 仪器工具：CASIO *fx-4800P* 计算器每人 1 个。
2. 人员组织：每 1 人一组。

三、要点及流程

1. 计算器的按键含义（见表 3-1 和表 3-2）

表 3-1　CASIO *fx-4800P* 计算器模式菜单选项的含义

序号	模式选项名称	含　　义
1	COMP	普通计算模式，包括函数计算
2	BASE-N	基数计算模式，2 进制、8 进制、10 进制、16 进制的变换及逻辑运算
3	SD	单变量统计（数理统计）计算模式
4	REG	双变量统计（回归）计算模式
5	PROG	程序模式，定义程序或公式文件名，输入、编辑、执行程序或公式
6	RECUR	序列计算模式，可使用 a_n 和 a_{n+1} 两种序列类创建序列表
7	TABLE	数表计算模式，创建 x 和对应 $f(x)$ 值的数表计算
8	EQN	方程式计算模式，可求解最高五元一次联立方程组及一元三次方程
9	LINK	数据通信，用于在两个 *fx-5800P* 计算器之间传输程序
10	MEMORY	存储器管理
11	SYSTEM	对比度调整，复位

表 3-2　CASIO *fx-4800P* 计算器状态栏指示符含义

序号	指示符	含　义
1	**S**	按下SHIFT键后出现，表示按键将输入橙色符号所标的功能
2	**A**	按下ALPHA键后出现，表示按键将输入红色符号所标的字母或符号
3	STO	按下SHIFT RCL键后出现，将指定值或计算结果存入指定的变量
4	RCL	按下RCL键后出现，查看指定给变量的值
5	SD	计算器处于SD模式，即单变量统计计算模式
6	REG	计算器处于REG模式，即双变量统计计算模式
7	FMLA	表示当前程序模式工作对象是公式
8	PRGM	表示当前程序模式工作对象是程序
9	ENG	按工程显示数值
10	**D**	选用"度"作为角度测量和计算单位
11	**R**	选项"弧度"作为角度测量和计算单位
12	**G**	选用"梯度"作为角度测量和计算单位
13	FIX	已指定显示小数位数
14	SCI	按科学表示法显示数值
15	Math	当前表达式的输入与输出设定为普通显示
16	Disp	当前显示的数值为中间计算结果
17	▲ ▼	表示当前显示屏的上、下有数据

2. 计算器的基本计算操作（见图 3-1）

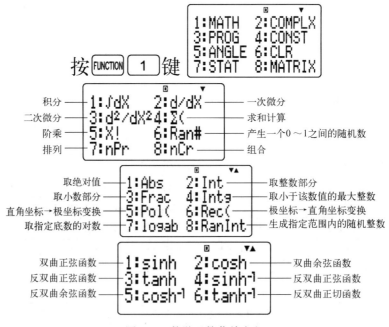

图 3-1　数学函数菜单含义

3. 表达式的计算（见表 3-3）

表 3-3　CASIO *fx*-4800*P* 百分比的计算示例

序号	范　例	*fx*-4850*P* 按键操作	*fx*-5800*P* 按键操作	计算结果
1	求 15 的 26%？	15 × 26 SHIFT %	15 × 26 SHIFT % EXE	3.9
2	600 为 800 的百分之几？	600 ÷ 800 SHIFT %	600 ÷ 800 SHIFT % EXE	75
3	2000 增加 23% 后是？	2000 × 23 SHIFT % +	2000 × (1 + 23 SHIFT %) EXE	2460
4	1500 减少 15% 后是？	1500 × 15 SHIFT % −	1500 × (1 − 15 SHIFT %) EXE	1275
5	200 加上 15 后的和是原数的百分之几？	15 + 200 SHIFT %	(200 + 15) ÷ 200 SHIFT % EXE	107.5（%）
6	500 变为 200 后，减少了百分之几？	200 − 500 SHIFT %	(200 − 500) ÷ 500 SHIFT % EXE	−60（%）
7	500 变为 600 后，增加了百分之几？	600 − 500 SHIFT %	(600 − 500) ÷ 500 SHIFT % EXE	20（%）

4. 角度及三角函数的计算

（1）角度的输入、转换与计算。（见表 3-4）

表 3-4　CASIO *fx*-4800*P* 角度的输入、转换与计算示例

序号	范　例	角度单位	按键操作	计算结果
1	输入 23°12′18″	D	（显示为度、分、秒）23 °′″ 12 °′″ 18 °′″ EXE（要回显为十进制度，紧接着按 °′″ 键）	23°12′18″ 23.205
2	将 23°12′18″ 转换为弧度	R	23 °′″ 12 °′″ 18 °′″ FUNCTION 5 1 EXE	0.4050036529
3	将 4.25 弧度转换为度	D	4.25 FUNCTION 5 2 EXE（要回显成度、分、秒，紧接着按 °′″ 键）	243.5070629 243°30′25.43″
4	23.56°+1.45πrad	D	（结果显示为十进制度）23.56 + 1.45 SHIFT π FUNCTION 5 2 EXE（要回显度、分、秒，紧接着按 °′″ 键）	284.56 284°33′36″
		R	（结果显示为弧度）23.56 FUNCTION 5 1 + 1.45 SHIFT π EXE	4.966508919

（2）三角函数与反三角函数的计算。（见表 3-5）

71

表 3-5　CASIO *fx*-4800*P* 三角函数与反三角函数计算示例

序号	范　例	角度单位	按键操作	计算结果
1	$\cos 33°15'48''$	D	cos 33 °'" 15 °'" 48 °'") EXE	0.8361585396
2	$\sin^2 23°12'18'' \times 0.01^2$	D	(sin 23 °'" 12 °'" 18 °'")) x^2 × 0.01 x^2 EXE	$1.552534293 \times 10^{-5}$
3	$\arcsin 0.34$	D	SHIFT sin⁻¹ 0.34) EXE （换算成度、分、秒）°'"	19.87687407 19°52′36.75″
4	$\arctan \dfrac{5634.240-5565.901}{6848.320-6795.454}$	D	SHIFT tan⁻¹ (5634.24 － 5565.901) ÷ (6848.32 － 6795.454) EXE （换算成度、分、秒）°'"	52.27501485 52°16′30.05″
5	$\dfrac{2\sin 30°}{\cos 10° \cdot \sin 20°}$	D	2 sin 30) ÷ (cos 10) sin 20 EXE	2.968908796

（3）直角坐标和极坐标的换算。（见表 3-6 和表 3-7）

表 3-6　直角坐标转换为极坐标操作示例

步骤	按键操作	屏幕显示	说　明
1	SHIFT Pol 1536.86 － 1429.55 , 837.54 － 1772.73)	Pol(1536.86-1429 .55,837.54-1772. 73)	当前角度单位为度，输入函数表达式
2	EXE	.55,837.54-1772. 73) r= 941.3266023 θ= -83.45412557	显示计算结果
3	ALPHA J ＋ 360 EXE （换算成度、分、秒）°'"	J+360 276.5458744 276°32′45.15″	角度换算

表 3-7　极坐标转换为直角坐标操作示例

步骤	按键操作	屏幕显示	说　明
1	SHIFT Rec 125.36 , 211 °'" 07 °'" 53 °'") EXE	Rec(125.36,211°0 7°53°) X= -107.3061516 Y= -64.81141437	当前角度单位为度，输入函数表达式并计算出 A、B 两点坐标差
2	ALPHA I ＋ 1536.86 SHIFT ◢ ALPHA J ＋ 837.54 EXE EXE	I+1536.86◢ J+837.54 1429.553848 772.7285856	使用多重语句计算 B 点的坐标

四、注意事项

1. 注意设定的单位。如果将单位进行预设，那么计算器就会默认其使用单位在进行下一单位换算时要进行单位转换，否者会使计算结果错误。在显示屏幕的左下角可以清楚地发现小提示符号，如：D 代表度为现在的缺省单位、R 代表弧度为现在的缺省单位、G 代表梯度为现在的缺省单位。

2. 要灵活运用计算器语句，会节省字节达到预期效果。

五、考核评分标准

考核标准：计算器在测量中的使用成绩评定标准见表 3-8。

考核项目：CASIO *fx*-4800P 计算器的使用。

表 3-8　*CASIO fx*-4800P 计算器在测量中的使用成绩评定表

测试内容	分值	操作要求及评分标准	扣分	得分	考核记录
工作态度	15 分	仪器工具使用正确，应有团队协作意识等			
操作过程	40 分	操作熟练、规范、方法步骤正确			
按键功能使用	10 分	正确、规范			
计算	20 分	计算快速正确、规范、齐全			
精度	5 分	精度符合规范要求			
综合印象	10 分	动作规范、熟练文明作业			
合计					

六、练习题

1. 利用 CASIO *fx*-4800P 计算器进行如下计算。已知 $(\Delta X, \Delta Y) = (105.3985593, -74.96824634)$，求 (r, θ)。

2. 已知某函数 $h = S\sin\alpha$，测量了 $S = 163.563 \, m \pm 0.006 \, m$，$\alpha = 32°15'26'' \pm 6''$ 求函数 h 的中误差 m_h。

项目二　计算机导线平差计算

一、目的要求

1. 熟悉利用平差软件进行导线的平差计算工作。
2. 掌握平差软件的基本使用方法。

二、准备工作

1. 仪器工具：每人 1 台计算机。
2. 人员组织：每 1 人一组。

三、要点及流程

1. 用平差易进行控制网平差的过程
① 控制网数据录入；

② 坐标推算；

③ 坐标概算；

④ 选择计算方案；

⑤ 闭合差计算与检核；

⑥ 平差计算；

⑦ 平差报告的生成和输出。

2. 作业流程图（见图 3-2）

3. 控制网数据的录入

控制网的数据录入分数据文件读入和直接键入两种。

凡符合 PA2005 文件格式（格式内容详见附录 A）的数据均可直接读入。

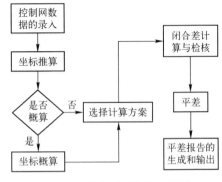

图 3-2　软件平差作业流程图

读入后 PA2005 自动推算坐标和绘制网图。PA2005 为手工数据键入提供了一个电子表格，以 □□ 为基本单元进行操作，键入过程中 PA2005 将自动推算其近似坐标和绘制网图。"电子表格输入 1"如图 3-3 所示。

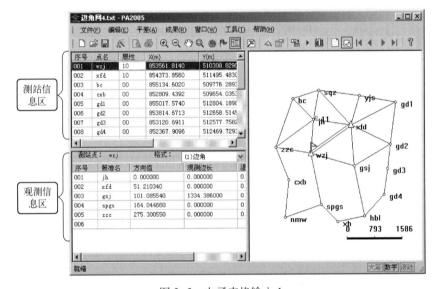

图 3-3　电子表格输入 1

接下来介绍如何在电子表格中输入数据。首先，在测站信息区中输入已知点信息（点名、属性、坐标）和测站点信息（点名）；然后，在观测信息区中输入每个测站点的观测信息。"电子表格输入 2"如图 3-4 所示。

4. 测站信息

□□：指已输测站点个数，它会自动叠加。

□□：指已知点或测站点的名称。

□□：用以区别已知点与未知点。其中，00 表示该点是未知点，10 表示该点是平面坐标而无高程的已知点，01 表示该点是无平面坐标而有高程的已知点，11 表示该已知点既有平面坐标也有高程。

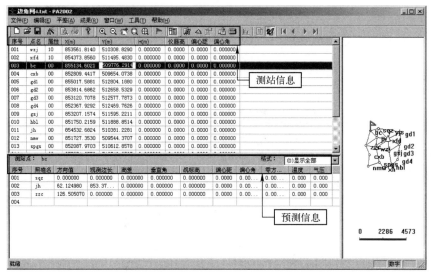

图 3-4　电子表格输入 2

：分别指该点的纵、横坐标及高程（X：纵坐标，Y：横坐标）。

：指该测站点的仪器高度，它只有在三角高程的计算中才使用。

：指该点测站偏心时的偏心距和偏心角。（不需要偏心改正时则可不输入数值）

5. 观测信息

观测信息与测站信息是相互对应的，当某测站点被选中时，观测信息区中就会显示当该点为测站点时所有的观测数据。故当输入了测站点时需要在观测信息区的电子表格中输入其观测数值。

：指照准点的名称。

：指观测照准点时的方向观测值。

：指测站点到照准点之间的平距。（在观测边长中只能输入平距）

：指测站点到观测点之间的高差。

：指以水平方向为零度时的仰角或俯角。

：指测站点观测照准点时的棱镜高度。

：指该点照准偏心时的偏心距和偏心角。（不需要偏心改正时则可不输入数值）

：指测站点观测照准点时的当地实际温度。

：指测站点观测照准点时的当地实际气压。（温度和气压只参入概算中的气象改正计算）

四、注意事项

1. 注意观测角度使用的是前进方向的左角还是右角。

2. 注意是否选用了概算，以及概算的各选项是否正确。

3. 注意是否使用严密平差，严密平差与近似平差计算结果是不同的。

4. 注意严密平差的先验误差设置是否一致，是否使用了 Helmert 验后方差定权，软件使用的定权方式可能不一样，导致部分差异。

五、考核评分标准

考核标准：微机导线平差计算成绩评定标准见表3-9。

考核项目：微机导线平差计算的过程和结果。

表3-9　微机导线平差计算成绩评定表

测试内容	分值	操作要求及评分标准	扣分	得分	考核记录
工作态度	10分	软件使用正确，应有团队协作意识等			
软件操作过程	20分	操作熟练、规范，方法步骤正确、不缺项			
数据输入	10分	正确、规范			
软件计算	30分	计算快速正确、规范，计算检核齐全			
精度	20分	精度符合规范要求			
综合印象	10分	软件操作规范、熟练，文明作业			
合计					

六、练习题

如图3-5所示单结点导线网，利用平差软件计算导线网中各点坐标。

点名	X(m)	Y(m)
Ⅱ07	48802.583	24094.397
Ⅱ08	48652.796	24333.522
Ⅱ15	48227.358	23999.595
Ⅱ18	48061.385	24253.722
Ⅱ35	48071.252	24851.974
Ⅱ36	48325.664	25061.841

测站	角号	水平角 (°)	(′)	(″)	距离(m)
Ⅱ07					
Ⅱ08	β_1	287	35	48	
N1	β_2	66	52	12	206.069
N2	β_3	138	52	36	209.606
N3	β_4	117	36	38	222.856
N4	β_6	272	04	30	145.092
N5	β_7	256	47	12	245.959
N6	β_8	92	10	42	218.242
Ⅱ36	β_9	305	28	24	219.642
Ⅱ35					
N4					
N3	β_5	144	07	10	
N7	β	261	45	24	144.794
N8	β	101	22	12	216.198
N9	β	286	00	06	168.796
Ⅱ18	β	216	53	00	254.689
Ⅱ15					

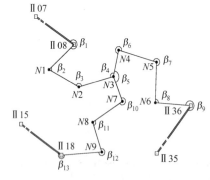

图3-5　练习题图

项目三　经纬仪配合分度规大比例尺地形图测绘

一、目的要求

1. 熟悉经纬仪配合分度规测图的基本原理和作业方法。

2. 熟悉地物平面图的测绘工序。

二、准备工作

1. 仪器工具：每组 DJ$_6$ 经纬仪 1 台（含脚架）、塔尺 1 把、图板 1 块（含脚架）、量角器 1 个、三角板 1 块，小钢尺 1 把。

2. 自备：每组自备 A3 大小以上白纸 1 张，并在白纸上面先精确绘制好 10 cm×10 cm 方格 4～6 格，小针 2～3 枚，橡皮、小刀、3H～4H 铅笔 1 支，2H 铅笔一支。

3. 人员组织：每 4 人一组，轮换操作。

三、要点及流程

1. 实验任务

按 1∶500 测地形图的要求，每组每人完成至少 10 个碎部点的观测、绘图。

2. 要点

后视方向要找一个距离相对远的点作为定向（原则是测量时的距离不应大于定向边的距离）。定向完毕后要进行相应检核。

3. 作业流程

方法一　仪器操作

（1）依据测区已有控制点坐标，每组选择在其中一个已知控制点（如 43 点）上安置仪器，并选择另一个控制点（如 37 号点作为定向方向。并将两控制点和附件的部分控制点展绘到图纸上，同时检查展绘后量取临近控制点相互之间的图纸上的长度，此长度应与控制点坐标反算的理论长度在图纸上误差不超过 0.2 mm。

（2）在 43 点对中、整平仪器后，量取仪器高，后视 37 点，配置水平度盘为 0°00′00″。

（3）选定另外一个离测站较近的控制点作为检查点，测量并记录两控制点之间的视距、竖直角、中丝读数，计算出测站点至检查点之间的水平距离和高程，并与测站点至检查点按照已知坐标反算的距离进行比较，要求在图纸上误差不超过 0.3 mm；计算所得高程与检查点已知高程之差不超过 1/5 等高距。

（4）各项检查满足要求后开始测绘工作。

绘图工作

（1）绘图人员应该在测量工作开展之前，做好控制点的展点工作和一些准备工作。记录人员应编好计算器程序。

（2）先在图纸上用尺子绘制一条长为 1～2 cm 测站点至定向点的方向线，如图 3-6 所示，画线位置应根据量角器半径大小以方便量角器读数为准（图中定向方向线虚线不必绘出），并用小针将量角器准确钉在图纸测站点上。

（3）定向完毕，用另外一个已知控制点检查时（设为 39 号点），假定水平角读数为 89°08′，转动量角器，使其刻划线注记对准该读数（见图 3-7），则量角器直径边就是待测点在图纸上的方向。

（4）根据计算所得的的水平距离，检查是否满足相应要求，满足要求后可以开始其他碎部点的测绘工作。

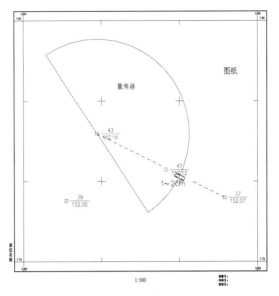

图 3-6　量角器配合绘图示意图（1）

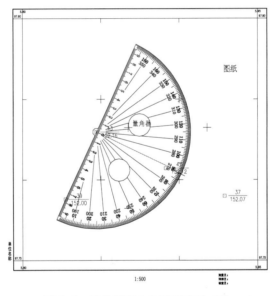

图 3-7　量角器配合绘图示意图（2）

（5）碎部点测量时应按照一定的顺序进行，既要考虑方便测量，又要顾及绘图的方便性。碎部点测量读数顺序为：视距→中丝读数｛一般只需要读出 3 位（整 cm 位）即可。读完视距后，当中丝刻划不在整 cm 位时，可以调节望远镜上下微动螺旋，使其对准最近的整 cm 刻划，保持仪器不动｝→告诉立尺员到下一个点→读水平度盘读数（读数至′）→读竖盘读数（读数至′）。

（6）绘图员根据测量员水平度盘读数，将量角器旋转准确对应相应的刻划，并依据计算所得水平距离沿量角器直径边将该点按照相应比例准确在图纸上面展绘出来。注意量角器刻划注记为逆时针方向 0°～180°，顺时针方向 180°～360°。假设此时量角正对绘图员，水平度盘读数小于 180°，则展点时是沿直径边右方向展点。反之，读数大于 180°时，则展点时是沿直径边左方向展点。

（7）展点完毕，按照一定密度要求，将该点高程进行注记，同时根据碎部点相互关系按照图式进行绘图，尽可能保持测量与绘图同步进行。

（8）本站测量完成后，还应进行相应检查工作，主要是检查定向方向是否发生改变（一般可以再次瞄准定向方向，要求水平度盘读数与最初定向时的读数之差不应超过 4′），以及是否存在遗漏等。确认无问题可以迁站。

（9）如果测站测量时间较长，在测量工作中，也需要按照第（8）项进行必要检查。因此，实际工作中，为了避免重复定向时需要派立尺员到定向点检查带来的麻烦，可以在最初定向好以后，选择瞄准远处一个明显的目标（如房子上面的避雷针等），记下水平度盘读数。以后在该测站测量需要定向或者检查时，可以方便进行。

方法二　按坐标纵轴定向

为了克服当测站点与定向点相距太近而展点误差对画方向线时可能造成方向偏离较大的影响。可以采取本方法进行。如图 3-5 所示，测站点为 47 号（$Y=5891.482$），定向点为 37 号，在图纸上绘制定向方向线时可以根据 47 号点的 Y 坐标值，在图纸上适当位置以最近格网纵线（$y=5850$；与 47 号点 Y 坐标差为 41.482 m，换算为 1:500 比例尺图上长度为 82.96 mm）准确将该点对应的一个点展绘出来（见图 3-8），连接测站点后该直线方向平行于坐标纵轴，以此线作为图纸上量角器绘图时的参考方向线。

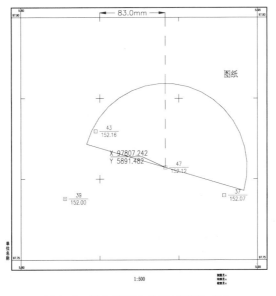

图 3-8　量角器配合绘图示意图（3）

定向时，水平度盘配置读数为 _____ ，完毕后与方法（一）相同进行各项工作。

碎部点记录表见表 3-10。

表 3-10 碎部点记录表

日期：_____年___月___日　　天气：_____　　　　　　　　　仪器型号：_____　_____

观测者：_____　　　　　　　　　　　　　　　　　　　记录者：_____

测站点：_____　　定向点：_____　　仪器高：_____　m　　测站高程：_____　m

点号	视距 （m）	中丝读数 （m）	竖盘读数 （°　′）	水平读数 （°　′）	水平距离 （m）	碎部点高程 （m）	备注

四、注意事项

1. 测竖直角时要用中丝准确切准目标。竖盘读数时注意竖盘指标水准管气泡居中。

2. 极坐标法施测碎部点，视距由观测员一次读出，读后不要忘记用中丝切住目标高。

3. 随时检查"0"方向，若"0"方向变动在10′以内，允许重新配"0"；当"0"方向变动超过10′，前区间的测点成果作废。

4. 随时整平仪器，但一经重新整平需重新检查"0"方向，当"0"方向变动超过10′，前区间的测点成果作废。

5. 记录应保持干净、整洁，计算应准确、完整。

6. 当目标高，标志被遮住，可任意切目标高，按公式 $h = D \cdot \tan\alpha + i - v$ 计算高差。

五、考核评分标准

考核标准：经纬仪测绘法测绘地形图成绩评定标准见表3-11。

考核项目：经纬仪测绘法测绘地形图的正确使用。

表 3-11 经纬仪测绘法测绘地形图成绩评定表

测试内容	分值	操作要求及评分标准	扣分	得分	考核记录
工作态度	10 分	仪器、工具轻拿轻放，装箱正确，文明操作			
仪器操作	10 分	操作熟练、规范，方法步骤正确、不缺项			
读数	15 分	读数正确、规范			
记录	15 分	记录正确、规范			
计算	15 分	计算快速正确、规范、齐全			
展点绘图	25 分	方法步骤正确、规范			
综合印象	10 分	动作规范、熟练，文明作业			
合计					

六、练习题

1. 简述经纬仪配合分度规极坐标法测图的的原理和具体的工作步骤。

2. 已知上丝读数为 1865，下丝读数为 1227，竖直角 $\alpha = -3°29'$，仪器高为 1.586 m，中丝读数 1550，求测站点至待测点之间的高差 h 和水平距离 S。

3. 如图 3-9 所示，设等高距为 1 m，试根据高程点绘出等高线。

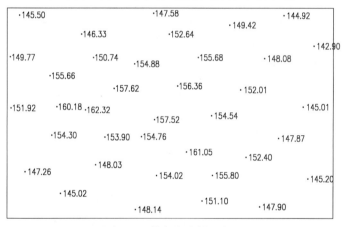

图 3-9 等高线绘制示意图

项目四 经纬仪配合展点尺大比例尺地形图测绘

一、目的要求

1. 熟悉经纬仪配合展点尺测图的基本原理和作业方法。
2. 熟悉地物平面图的测绘工序。

二、准备工作

1. 仪器工具：每组 DJ$_6$ 经纬仪 1 台（含脚架）、塔尺 1 把、图板 1 块（含脚架）、展点尺 1 个、三角板 1 块，小钢尺 1 把，聚脂薄膜图纸 1 张，计算器 1 个。

2. 自备：橡皮、小刀、3H ～ 4H 铅笔 1 ～ 2 支，2H 铅笔 1 ～ 2 支，皮尺 1 把。

3. 人员组织：每 4 人一组，轮换操作。

三、要点及流程

1. 实习任务

按 1∶500 测地形图的要求，每组完成 40 cm×50 cm 图纸的观测、绘图任务。

2. 要点

与实验经纬仪配合分度规大比例尺地形图测绘相同。

3. 流程

与实验经纬仪配合分度规大比例尺地形图测绘中方法二相类似，包括在测站安置仪器，对中、整平、量取仪器高等。然后瞄准定向点，配置水平度盘读数为该定向方向的方位角值，观测方法与顺序基本相同。并且需要用计算器编程计算出碎部点的坐标、高程后用展点尺直接进行展点。

经纬仪配合展点器测图坐标计算：

坐标展点尺（器）结构如图 3-10 所示，展点尺实际上是一块 10 cm×10 cm 有机玻璃方块，四周带有 0.5 mm 刻划的尺子，其刻划注记可以按照不同的比例尺进行注记，以方便进行不同比例尺测图。

与上述经纬仪配合分度规测图类似，此时需要计算待测点的坐标 X、Y、H。变量设置同上，水平角度盘读数设为变量 B（测站点至待测点的方位角值），测站点坐标为：$x_0 = 5045.986$；$y_0 = 4541.664$，输入公式如下：

$$\text{SLBR}:A = 90 - R:D = S \times (\cos\ A)^2:X = 5045.986 + D \times \cos\ B\ \blacktriangle$$
$$Y = 4541.664 + D \times \sin\ B\ \blacktriangle$$
$$H = D \times \tan\ A + 1.488 - L + 150.232$$

运行程序输入 S＝40.9；L＝1.86；B＝35°32′42″；R＝92°14′30″，显示结果为：

$$X = 5079.214;\ Y = 4565.404;\ H = 148.26$$

在实际工作中，根据不同类型注记的展点尺，一般按照测图比例尺大小直接将测点坐标换算为图上相对某格网线十字交叉点在 X、Y 方向的坐标差（单位：mm），以便直接读数展点。图 3-9 可以直接用于 1∶1000 比例尺绘图的展点尺，若用于 1∶500 绘图，待测点所在最近格网线西南角交叉点坐标为（5050，4550），将上述程序适当修改为：

$$\text{SLBR}:A = 90 - R:D = S \times (\cos\ A)^2:X = (5045.986 + D \times \cos\ B - 5050) \times 1000 \div 500\ \blacktriangle$$
$$Y = (4541.664 + D \times \sin\ B - 4550) \times 1000 \div 500\ \blacktriangle$$
$$H = D \times \tan\ A + 1.488 - L + 150.232$$

运行程序输入 S＝40.9；L＝1.86；B＝35°32′42″；R＝91°14′30″，显示结果为：X＝58.4；Y＝30.8；H＝148.26，展点时可以在展点器左边紧靠一个三角板，便于上下移动对准刻画线，图 3-10 所示 P 点即为该点在图纸上的位置。

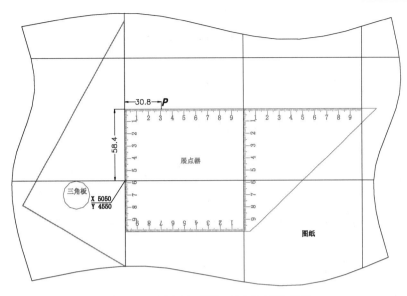

图 3-10 展点尺（器）配合绘图示意图

四、注意事项

1. 5～6 人一组，分工为观测、立镜和绘草图，轮换操作。

2. 施测前，应由组长进行安排，明确分工，选定立尺路线。

3. 实验前应抄录控制点坐标。

五、考核评分标准

考核标准：经纬仪配合展点尺大比例尺地形图成绩评定标准见表 3-12。

考核项目：经纬仪配合展点尺大比例尺地形图的作业过程。

表 3-12 经纬仪配合展点尺大比例尺地形图成绩评定表

测试内容	分值	操作要求及评分标准	扣分	得分	考核记录
工作态度	10 分	仪器、工具轻拿轻放，装箱正确，文明操作			
仪器操作	10 分	操作熟练、规范，方法步骤正确、不缺项			
读数	15 分	读数正确、规范			
记录	15 分	记录正确、规范			
计算	15 分	计算快速、正确、规范、齐全			
展点绘图	25 分	方法步骤正确、规范			
综合印象	10 分	动作规范、熟练，文明作业			
合计					

六、练习题

1. 简述经纬仪配合展点器测图的的原理和具体的工作步骤。

2. 碎部测图时有哪些注意事项？测站上有哪些检核事项？

项目五 全站仪大比例尺数字地形图的测绘

一、目的要求

1. 熟悉全站仪测图的基本原理和基本使用方法。
2. 熟悉数字化地形图的测绘工序，熟悉草图的绘制方法。
3. 熟悉在 CAD 中进行数字化地形图的编制工作。

二、准备工作

1. 仪器工具：每组全站仪 1 台套（含脚架）、对中杆棱镜组 1 根、小钢尺 1 把、皮尺 1 把。
2. 人员组织：每 4 人一组，轮换操作。

三、要点及流程

1. 实习任务

按 1:500 测地形图的要求，每组完成至少 100 个碎部点的观测任务。

2. 安置仪器

① 将全站仪安置于某一控制点（设为 A）上。进行对中、整平（对中误差不应大于 2 mm），并量仪器高 i（量至厘米）。

② 打开仪器，建立作业（见后文全站仪实验）。

③ 输入测站信息，包括测站点名、坐标、高程和仪器高。如果没有已知的控制点，可假设测站点的坐标和高程。

④ 定向。选择可通视的另一控制点（设为 B）为定向点，用望远镜照准定向点（尽量瞄准目标的底部）；建议采用坐标定向方式，根据提示输入定向点的点名、坐标和高程。

如果没有已知点，可以虚拟一个定向点，比如，使望远镜指向北方向或东方向，假设一段距离，得到虚拟控制点的坐标，输入全站仪。

⑤ 检查测量（务必要进行）。照准定向点的棱镜，进行检查测量，与已知坐标相比较，误差在一倍中误差之内。在第一个测站之后，也可以在已测的几个碎部点上安置反光镜进行检查测量。

⑥ 进入碎部测量界面。

3. 碎部点测定

① 立镜者将反光镜竖直立于选定的地形特征点上。

② 仪器操作者瞄准反光镜，输入或修改碎部点点号及棱镜高，按测量及保存键。

绘图员要跟随立镜者，根据立镜次序绘制草图，草图上标注点号。绘图员与仪器操作者要经常保持联系，核对点号。

测量时，要按顺序立点，尽量把一个地物测绘完整。测绘地貌时可沿等高线或沿地形线立点。对于少量不通视的碎部点，可采用内插、延长或图解的方法进行测绘。

对于本测站测绘不到的区域，如果没有已知控制点，需要从本测站加密若干个图根点。图根点的测设必须保证精度，一般情况下，用支导线方式加密图根点的个数不能超过 3 个。

当一个测站测绘完毕，确认没有遗漏后，方可迁站。

如果不需要某碎部点的高程时（如举高或降低棱镜），要把棱镜高设置为 0。

图 3-11 和图 3-12 分别是地貌、地物测绘时碎部点的选择及草图的绘制示意图。

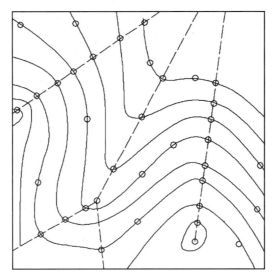

图 3-11　地貌测绘草图

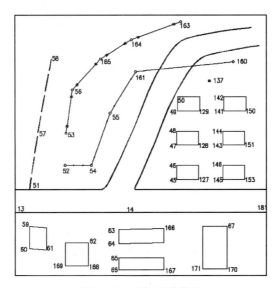

图 3-12　地物测绘草图

4. 传输数据（见全站仪实验）

① 全站仪上设置通讯参数。

② 计算机上设置相同的通讯参数。

③ 计算机进入接收状态，全站仪发送数据。

5. 绘制地形图

全站仪碎部点坐标记录表见表 3-13。

表 3-13 全站仪碎部点坐标记录表

日期：_____年___月___日　　　天气：_____　　　　　　　　仪器型号：_____

观测者：_____　　　　　　　　　　　　　　　　　记录者：_____

测站点：_____　　定向点：_____　　仪器高：_____m　　　测站高程：_____m

点号	碎部点坐标		碎部点高程（m）	备注	点号	碎部点坐标		碎部点高程（m）	备注
	X(m)	Y(m)				X(m)	Y(m)		

四、注意事项

1. 在作业前应做好准备工作，将全站仪的电池充足电。
2. 使用全站仪时，应严格遵守操作规程，注意爱护仪器。
3. 外业数据采集后，应及时将全站仪数据导出到计算机并备份。
4. 用电缆连接全站仪和计算机时，应注意关闭全站仪电源，并注意正确的连接方法。
5. 拔出电缆时，注意关闭全站仪电源，并注意正确的拔出方法。
6. 控制点数据、数据传输和成图软件由指导教师提供。
7. 小组每个成员应轮流操作，掌握在一个测站上进行外业数据采集的方法。

五、考核评分标准

考核标准：全站仪大比例尺数字地形图测绘成绩评定标准见表 3-14。

考核项目：全站仪大比例尺数字地形图的测绘。

表 3-14　全站仪大比例尺数字地形图成绩评定表

测试内容	分值	操作要求及评分标准	扣分	得分	考核记录
工作态度	10 分	仪器工具轻拿轻放，搬仪器动作规范，装箱正确			
仪器操作	20 分	操作熟练、规范，方法步骤正确、不缺项			
碎部点的选择	10 分	选在地物地貌特征点上，选点灵活、科学、合理			
记录及草图绘制	15 分	清晰，信息齐全			
内业成图	25 分	地物地貌与实地相符，符号利用正确，图形严格分层管理			
精度	10 分	精度符合规范要求			
综合印象	10 分	文明作业，团队合作等			
合　计					

六、练习题

实验结束后将 　　　　　　　以小组为单位装订成册上交，　　　　　附按 A4 规格打印的地形图。

项目六　草图法内业软件成图

一、目的要求

1. 掌握在 CASS 软件中展野外点的方法。
2. 掌握在 CASS 软件中绘制地物的方法。
3. 掌握在 CASS 软件中绘制等高线的方法。
4. 掌握在数字地图的编辑方法。

二、准备工作

1. 仪器工具：CASS 软件 1 套，草图 1 份，说明书 1 本。
2. 自备：铅笔、橡皮、小刀、指导书。
3. 人员组织：每 1 人一组。

三、要点及流程

以一个简单的例子来演示成图过程，用 CASS 成图的作业模式有许多种，这里主要使用的是"点号定位"方式。我们可以打开这幅例图看一下，如图 3-13 所示，路径为 C:\cass50\demo\study.dwg（以安装在 C 盘为例）。初学者可一步一步跟着做。

1. 定显示区

进入 CASS 后移动鼠标至"绘图处理"项，按左键，即出现如图 3-14 所示的下拉菜单。选中"定显示区"选项，按左键，即出现一个如图 3-15 所示的对话窗。这时，需要输入坐标数据文件名。可参考 Windows 选择打开文件的操作方法，也可直接通过键盘输入，在"文件名（N）："（即光标闪烁处）输入 C:\CASS\DEMO\STUDY.DAT，再移动鼠标至"打开（O）"处，按左键。这时，命令区显示：

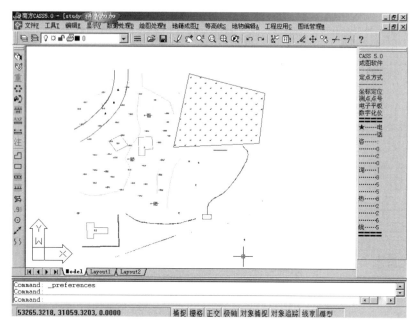

图 3-13 study. dwg

图 3-14 "定显示区"菜单

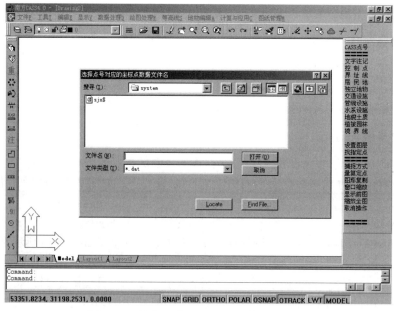

图 3-15 执行"定显示区"操作的对话框

最小坐标(米):X = 31056.221,Y = 53097.691
最大坐标(米):X = 31237.455,Y = 53286.090

2. 选择测点点号定位成图法

移动鼠标至屏幕右侧菜单区"测点点号"选项,按左键,即出现如图 3-16 所示的对话框。

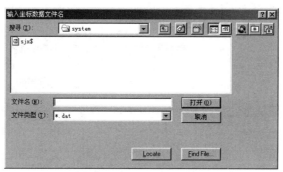

图 3-16 选择测点点号定位成图法的对话框

输入点号坐标数据文件名 C:\CASS\DEMO\STUDY.DAT 后,命令区提示:

读点完成! 共读入 106 个点。

3. 展点

选中屏幕的顶部菜单"绘图处理"选项按左键,弹出如图 3-17 所示的下拉菜单。"展野外测点点号"选项,按左键后,便出现如图 3-13 所示的对话框。

输入对应的坐标数据文件名 C:\CASS\DEMO\STUDY.DAT 后,便可在屏幕上展出野外测点的点号,如图 3-18 所示。

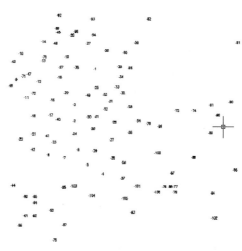

图 3-17 选择"展野外测点点号"   图 3-18 STUDY.DAT 展点图

4. 绘平面图

下面可以灵活使用工具栏中的缩放工具进行局部放大以方便编图。先把左上角放大,选择右侧屏幕菜单的"交通设施"按钮,弹出如图 3-19 所示的界面。

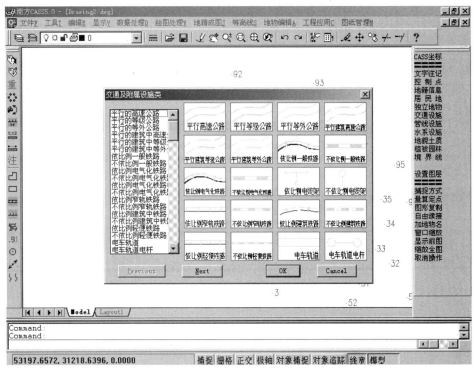

图 3-19　选择屏幕菜单"交通设施"

通过"Next"按钮找到"平行等外公路"并选中，再点击"OK"，命令区提示：

> 绘图比例尺 1:输入 500,回车。
>
> 点 P/<点号>输入 92,回车。
>
> 点 P/<点号>输入 45,回车。
>
> 点 P/<点号>输入 46,回车。
>
> 点 P/<点号>输入 13,回车。
>
> 点 P/<点号>输入 47,回车。
>
> 点 P/<点号>输入 48,回车。
>
> 点 P/<点号>回车
>
> 拟合线<N>? 输入 Y,回车。

说明：输入 Y，将该边拟合成光滑曲线；输入 N（缺省为 N），则不拟合该线。

> 1. 边点式/2. 边宽式<1>:回车(默认 1)

说明：选 1（缺省为 1），将要求输入公路对边上的一个测点；选 2，要求输入公路宽度。

> 对面一点
>
> 点 P/<点号>输入 19,回车。

这时平行等外公路就作好了，如图 3-20 所示。

下面作一个多点房屋。选择右侧屏幕菜单的"居民地"选项，弹出如图 3-21 所示界面。

先用鼠标左键选择"多点混凝土房屋"，再单击"OK"按钮。命令区提示：

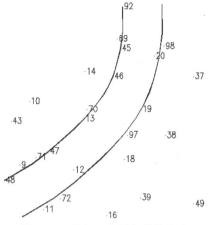

图 3-20　作好一条平行等外公路

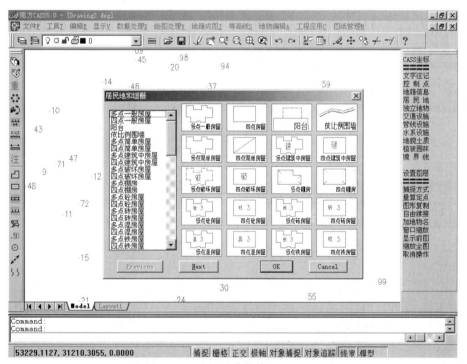

图 3-21　选择屏幕菜单"居民地"

第一点：

点 P/<点号>输入 49,回车。

指定点：

点 P/<点号>输入 50,回车。

闭合 C/隔一闭合 G/隔一点 J/微导线 A/曲线 Q/边长交会 B/回退 U/点 P/<点号>输入 51,回车。

闭合 C/隔一闭合 G/隔一点 J/微导线 A/曲线 Q/边长交会 B/回退 U/点 P/<点号>输入 J,回车。

点 P/<点号>输入 52,回车。

闭合 C/隔一闭合 G/隔一点 J/微导线 A/曲线 Q/边长交会 B/回退 U/点 P/<点号>输入 53,回车。

闭合 C/隔一闭合 G/隔一点 J/微导线 A/曲线 Q/边长交会 B/回退 U/点 P/<点号>输入 C,回车。

输入层数:<1>回车(默认输 1 层)。

说明: 选择多点混凝土房屋后自动读取地物编码,用户不须逐个记忆。从第三点起弹出许多选项(具体操作见《参考手册》第一章关于屏幕菜单的介绍),这里以"隔一点"功能为例,输入 J,输入一点后系统自动算出一点,使该点与前一点及输入点的连线构成直角。输入 C 时,表示闭合。

再作一个多点混凝土房,熟悉一下操作过程。命令区提示:

Command:dd

输入地物编码:<141111>141111

第一点:点 P/<点号>输入 60,回车。

指定点:

点 P/<点号>输入 61,回车。

闭合 C/隔一闭合 G/隔一点 J/微导线 A/曲线 Q/边长交会 B/回退 U/点 P/<点号>输入 62,回车。

闭合 C/隔一闭合 G/隔一点 J/微导线 A/曲线 Q/边长交会 B/回退 U/点 P/<点号>输入 a,回车。

微导线 - 键盘输入角度(K)/<指定方向点(只确定平行和垂直方向)>用鼠标左键在 62 点上侧一定距离处点一下。

  距离<m>:输入 4.5,回车。

闭合 C/隔一闭合 G/隔一点 J/微导线 A/曲线 Q/边长交会 B/回退 U/点 P/<点号>输入 63,回车。

闭合 C/隔一闭合 G/隔一点 J/微导线 A/曲线 Q/边长交会 B/回退 U/点 P/<点号>输入 j,回车。

点 P/<点号>输入 64,回车。

闭合 C/隔一闭合 G/隔一点 J/微导线 A/曲线 Q/边长交会 B/回退 U/点 P/<点号>输入 65,回车。

闭合 C/隔一闭合 G/隔一点 J/微导线 A/曲线 Q/边长交会 B/回退 U/点 P/<点号>输入 C,回车。

输入层数:<1>输入 2,回车。

说明:"微导线"功能由用户输入当前点至下一点的左角(度)和距离(米),输入后软件将计算出该点并连线。要求输入角度时若输入 K,则可直接输入左向转角,若直接用鼠标点击,只可确定垂直和平行方向。此功能特别适合知道角度和距离但看不到点的位置的情况,如房角点被树或路灯等障碍物遮挡时。

两栋房子"建"好后,效果如图 3-22 所示。

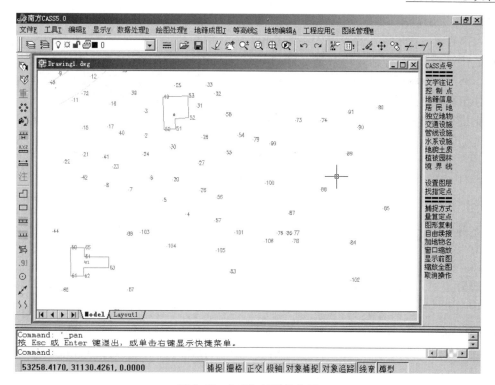

图 3-22　"建"好两栋房子

类似以上操作，分别利用右侧屏幕菜单绘制其他地物。

在"居民地"菜单中，用 3、39、16 三点完成利用三点绘制 2 层砖结构的四点房；用 68、67、66 绘制不拟合的依比例围墙；用 76、77、78 绘制四点棚房。

在"交通设施"菜单中，用 86、87、88、89、90、91 绘制拟合的小路；用 103、104、105、106 绘制拟合的不依比例乡村路。

在"地貌土质"菜单中，用 54、55、56、57 绘制拟合的坎高为 1 m 的陡坎；用 93、94、95、96 绘制制不拟合的坎高为 1 m 的加固陡坎。

在"独立地物"菜单中，用 69、70、71、72、97、98 分别绘制路灯；用 73、74 绘制宣传橱窗；用 59 绘制不依比例肥气池。

在"水系设施"菜单中，用 79 绘制水井。

在"管线设施"菜单中，用 75、83、84、85 绘制地面上输电线。

在"植被园林"菜单中，用 99、100、101、102 分别绘制果树独立树；用 58、80、81、82 绘制菜地（第 82 号点之后仍要求输入点号时直接回车），要求边界不拟合，并且保留边界。

在"控制点"菜单中，用 1、2、4 分别生成埋石图根点，在提问点名。等级：时分别输入 D121、D123、D135。

最后选取"编辑"菜单下的"删除"二级菜单下的"删除实体所在图层"，鼠标符号变成了一个小方框，用左键点取任何一个点号的数字注记，所展点的注记将被删除。

平面图作好后效果如图 3-23 所示。

5. 绘等高线

展高程点。用鼠标左键点取"绘图处理"下拉菜单中的"展高程点",将会弹出数据文件的对话框,找到 C:\CASS\DEMO\STUDY.DAT,选择"OK",命令区提示:注记高程点的距离(米),直接回车,表示不对高程点注记进行取舍,全部展出来。

建立 DTM。用鼠标左键点取"等高线"下拉菜单中的"用数据文件生成 DTM",将会弹出数据文件的对话框,找到 C:\CASS\DEMO\STUDY.DAT,选择"OK",命令区提示:

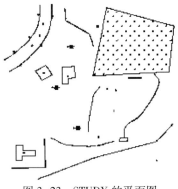

图 3-23 STUDY 的平面图

请选择:1. 不考虑坎高 2. 考虑坎高<1>:回车(默认选 1)。

请选择地性线:(地性线应过已测点,如不选则直接回车)

Select objects:回车(表示没有地性线)。

请选择:1. 显示建三角网结果 2. 显示建三角网过程 3. 不显示三角网<1>:回车(默认选 1)。

这样左部区域的点连接成三角网,其他点在 STUDY.DAT 数据文件里高程为 0,故不参与建立三角网(数据文件介绍参见"三角网的编辑与使用"),效果如图 3-24 所示。

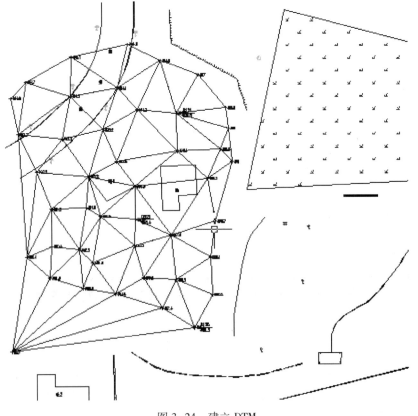

图 3-24 建立 DTM

绘等高线。用鼠标左键点取"等高线"菜单下的"绘等高线",命令区提示:

最小高程为 490.400 米,最大高程为 500.228 米

请输入等高距<单位:米>:输入 1,回车。

请选择:1. 不光滑 2. 张力样条拟合 3. 三次 B 样条拟合 4.SPLINE <1>:输入 3,
回车。

这样等高线就绘好了。

再选择"等高线"菜单下的"删三角网",这时屏幕显示如图 3-25 所示。

等高线的修剪。利用"等高线"菜单下的"等高线修剪"二级菜单,如图 3-26 所示。

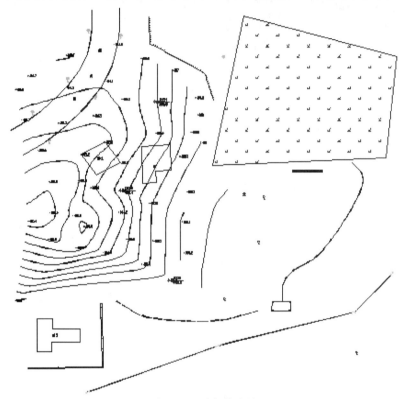

图 3-25　绘好等高线

图 3-26　"等高线修剪"菜单

用鼠标左键点取"切除穿建筑物等高线"，软件将自动搜寻穿过建筑物的等高线并将其进行整饰。点取"切除指定二线间等高线"，依提示依次用鼠标左键选取左上角的道路两边，CASS 将自动切除等高线穿过道路的部分。点取"切除穿高程注记等高线"，CASS 将自动搜寻，把等高线穿过注记的部分切除。

6. 加注记

下面我们演示在平行等外公路上加"经纬路"三个字。

用鼠标左键点取右侧屏幕菜单的"文字注记"项，弹出如图 3-27 所示的界面。

图 3-27　弹出文字注记界面

点击"注记文字"项，然后点取"OK"，命令区提示：

请输入图上注记大小(mm)<3.0>回车(默认 3 mm)。
请输入注记内容:输入"经"，回车。
请输入注记位置(中心点):在平行等外公路两线之间的合适的位置点击鼠标左键。

用同样的方法在合适的位置输入"纬"、"路"二字。

经过以上各步，生成的图即如图 3-13 所示。

7. 加图框

用鼠标左键点击"绘图处理"菜单下的"标准图幅（50×40）"，弹出如图 3-28 所示的界面。

在"图名"栏里，输入"建设新村"；在"测量员""绘图员""检查员"各栏里分别输入"张三""李四""王五"；在"左下角坐标"的"东""北"栏内分别输入"53073""31050"；在"删除图框外实体"栏前打勾，然后按确认。这样这幅图就作好了，如图 3-29 所示。

图 3-28　输入图幅信息

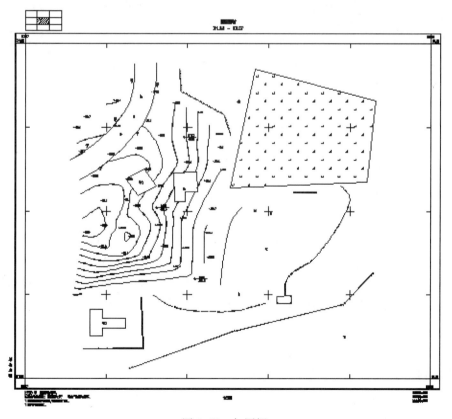

图 3-29　加图框

另外，可以将图框左下角的图幅信息更改成符合需要的字样，可以将图框和图章用户化。

8. 绘图

用鼠标左键点取"文件"菜单下的"用绘图仪或打印机出图"，进行绘图，界面如图 3-30 所示。

图 3-30　用绘图仪出图

选好图纸尺寸、图纸方向之后，用鼠标左键点击"窗选"按钮，用鼠标圈定绘图范围。将"打印比例"一项选为"2：1"（表示满足 1：500 比例尺的打印要求），通过"部分预览"和"全部预览"可以查看出图效果，满意后就可单击"确定"按钮进行绘图了。

四、注意事项

1. 在操作过程中也要不断地进行存盘，以防操作不慎导致丢失。

2. 在执行各项命令时，每一步都要注意看下面命令区的提示，当出现"Command："提示时，要求输入新的命令，出现"Select objects："提示时，要求选择对象等。

3. 当一个命令没执行完时最好不要执行另一个命令，若要强行终止，可按键盘左上角的"Esc"键或按"Ctrl"的同时按下"C"键，直到出现"Command："提示为止。

4. 有些命令有多种执行途径，可根据自己的喜好灵活选用快捷工具按钮、下拉菜单或在命令区输入命令。

五、考核评分标准

考核标准：数字化测图成绩评定标准见表 3-15。

考核项目：数字化测图的应用（草图法）。

表 3-15　数字化测图成绩评定表

测试内容	分值	操作要求及评分标准	扣分	得分	考核记录
工作态度	10分	仪器工具轻拿轻放，搬仪器动作规范，装箱正确			
仪器操作	20分	操作熟练、规范，方法步骤正确、不缺项			
碎部点的选择	10分	选在地物地貌特征点上，选点灵活、科学、合理			
记录及草图绘制	15分	清晰，信息齐全			
内业成图	25分	地物地貌与实地相符，符号利用正确，图形严格分层管理			
精度	10分	精度符合规范要求			
综合印象	10分	文明作业，团队合作等			
合计					

六、练习题

每组上交一份合格的 1:500 数字地形图。

项目七　编码法全站仪数字测图

一、目的要求

1. 掌握简码的编写方法。
2. 掌握编码引导文件的编写方法。

二、准备工作

1. 仪器工具：全站仪 1 套，棱镜 1 个，对中杆 1 个，CASS 软件 1 套。
2. 自备：铅笔、橡皮、小刀、指导书。
3. 人员组织：每 4 人一组，轮换操作。

三、要点及流程

1. 野外数据采集

首先根据测区范围，找到控制点，根据控制点的位置，或支点（布设临时控制点），或直接测量。在测量的过程中，直接在全站仪中输入点的简编码，内业简编码成图，以实现内外业一体化成图。

在测量困难的地方，可以根据已测的地物点用勘丈的方法勘丈出其他地物，内业时根据草图法将勘丈的地物绘制到图上。

2. 简编码法测图方法

简编码是在野外作业时仅输入简单的提示性编码，经内业简码识别后，自动转换为程序内部码。南方 CASS 测图系统的有码作业模式，是一个有代表性的简码输入方案。CASS 系统的野外操作码（也称为简码或简编码）可以区分为类别码、关系码和独立符号码 3 种，每种只由 1~3 位字符组成。其形式简单、规律性强、易记忆，并能同时采集测点的地物要素和拓扑关系，能够适应多人跑尺（镜）、交叉观测不同地物等复杂情况。

（1）类别码。

类别码符号和含义如表 3-16 所示，是按一定的规律设计的，不需要特别记忆。有 1~3 位，第一位是英文字母，大小写等价，后面是范围为 0~99 的数字，如代码 F0，F1，F2，…，F6 分别表示坚固房，普通房，一般房屋……简易房。F 取"房"字的汉语拼音首字母，0~6 表示房屋类型，由"主"到"次"。另外，K0 表示直折线型的陡坎，U0 表示曲线型的陡坎。类别码后面可跟参数，如野外操作码不到 3 位，与参数间应有连接符"一"，如有 3 位，后面可紧跟参数，参数有下面几种：控制点的点名、房屋的层数、陡坎的坎高等，如 Y012.5 表示以该点为圆心，半径为 12.5 m 的圆。

表 3-16　类别码符号和含义

类　型	符号及含义
坎类（曲）	K(U)+数（0—陡坎，1—加固陡坎，2—斜坡，3—加固斜坡，4—垄，5—陡崖，6—干沟）
线类（曲）	X(Q)+数（0—实线，1—内部道路，2—小路，3—大车路，4—建筑公路，5—地类界，6—乡、镇界，7—县、县级市界，8—地区、地级市界，9—省界线）
垣栅类	W+数（0，1—宽为 0.5 m 的围墙，2—栅栏，3—铁丝网，4—篱笆，5—活树篱笆，6—不依比例围墙，不拟合，7—不依比例围墙，拟合）
电力线类	D+数（0—电线塔，1—高压线，2—低压线，3—通讯线）
房屋类	F+数（0—坚固房，1—普通房，2——般房屋，3—建筑中房，4—破坏房，5—棚房，6—简易房）
管线类	G+数［0—架空（大），1—架空（小），2——地面上的，3—地下的，4—有管堤的］
植被土质	拟合边界 B+数（0—旱地，1—水稻，2—菜地，3—天然草地，4—有林地，5—行树，6—狭长灌木林，7—盐碱地，8—沙地，9—花圃）
	不拟合边界 H+数（同上）
圆形物	Y+数（0—半径，1—直径两端点，2—圆周三点）
平行体	P+［X（0~9），Q（0~9），K（0~6），U（0~6），…］
控制点	C+数（0—图根点，1—埋石图根点，2—导线点，3—小三角点，4—三角点，5—土堆上的三角点，6—土堆上的小三角点，7—天文点，8—水准点，9—界址点）

（2）关系码。

关系码（亦称连接关系码），共有 4 种符号："＋""－""A$"和"P"配合来描述测点间的连接关系。其中"＋"表示连接线依测点顺序进行；"－"表示连接线依测点相反顺序进行连接，"P"表示绘平行体；"A$"表示断点识别符，如表 3-17 所示。

表 3-17　连接关系码的符号及含义

符　号	含　义
+	本点与上一点相连，连线依测点顺序进行
-	本点与下一点相连，连线依测点顺序相反方向进行
n+	本点与上 n 点相连，连线依测点顺序进行
n-	本点与下 n 点相连，连线依测点顺序相反方向进行
p	本点与上一点所在地物平行
np	本点与上 n 点所在地物平行
+A$	断点标识符，本点与上点连
-A$	断点标识符，本点与下点连

（3）独立符号码。

对于只有一个定位点的独立地物，用 A×× 表示，如表 3-18 所示，如 A14 表示水井，A70 表示路灯等。

表 3-18　部分独立地物（点状地物）编码及符号含义

符号类型	编码及符号名称				
水系设施	A00	A01	A02	A13	A14
	水文站	停泊场	航行灯塔	泉	水井
居民地	A16	A17	A18	A19	A20
	学校	废气池	卫生所	地上窑洞	电视发射塔
	A21	A22	A23		
	地下窑洞	窑	蒙古包		
公共设施	A68	A69	A70	A71	A72
	加油站	气象站	路灯	照射灯	喷水池
	A73	A74	A75	A76	A77
	垃圾台	旗杆	亭	岗亭、岗楼	钟楼、鼓楼、城楼
	A78	A79	A80	A81	A82
	水磨房、水车	避雷针	抽水机站	地下建筑物天窗	

例如：在数字测图外业数据采集中，测得一小区域地物，如图 3-31 所示，现场对照实地输入野外操作码，点号旁括号内为输入内容。

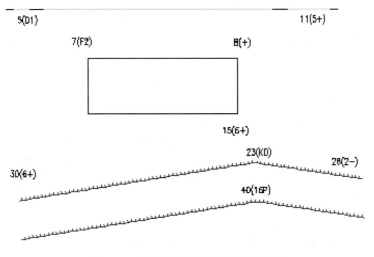

图 3-31　野外实地对照操作码示意图

例如，图 3-32 为施测区域的部分内容，与此对应的各测点的简码见表 3-19。

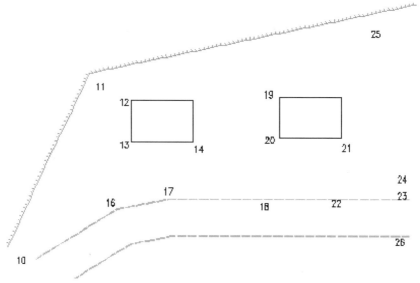

图 3-32　施测区域局部图

表 3-19　对照的简码表

10	K0	14	+	19	F2	23	5+
11	+	16	X4	20	+	24	A26
12	F2	17	+	21	+	25	13+
13	+	18	A70	22	A70	26	2P

3. 编码引导成图法

在绘图之前编辑一个编码引导文件，该文件的主文件名一般取与坐标数据文件相同的文件名，后缀一般用"＊.YD"，以区别其他文件项。编写引导文件时，有如下要求：

每一行只表示一个地物，如一幢房子、一条道路、一个独立地物、一个控制点；

每一行的第一个数据位为地物代码，以后按照地物各点的连接顺序依次输入各顺序点点号，格式如下：

代码，点号 1，点号 2，……，点号 n

同一行的各个数据之间必须用英文的逗号","隔开；

地物代码的输入需参考 CASS 的野外操作码，且第一个字母必须大写；

平行图写法为：P，14，15 表示将第 14 点所在实体平行到第 15 点；

控制点写法为：C0ABC，18 表示第 18 点是图根点，点名为 ABC（点名可以为空）；

数据文件如下所示：

W2, 165, 7, 6, 5, 4, 166

F0, 164, 162, 85

U2, 38, 37, 36, 35, 39, 40

A19, 1

C0-ABC, 112

H2, 125, 188, 73, 189

P, 33, 47

C2-GHI，42

H3，180，181，182，162

A74，32

Q2，184，100，103

G4，8，22，17，89

A25，137

四、注意事项

1. 在作业前应作好准备工作，将全站仪的电池充足电。

2. 使用全站仪时，应严格遵守操作规程，注意爱护仪器。

3. 外业数据采集后，应及时将全站仪数据导出到计算机并备份。

4. 用电缆连接全站仪和计算机时，应注意关闭全站仪电源，并注意正确的连接方法。

5. 拔出电缆时，注意关闭全站仪电源，并注意正确的拔出方法。

6. 控制点数据、数据传输和成图软件由指导教师提供。

7. 小组每个成员应轮流操作，掌握在一个测站上进行外业数据采集的方法。

五、考核评分标准

考核标准：数字化测图成绩评定标准见表 3-20。

考核项目：数字化测图的应用（编码法）。

表 3-20　数字化测图成绩评定表

测试内容	分值	操作要求及评分标准	扣分	得分	考核记录
工作态度	10 分	仪器工具轻拿轻放，搬仪器动作规范，装箱正确			
仪器操作	20 分	操作熟练、规范，方法步骤正确、不缺项			
碎部点的选择	10 分	选在地物地貌特征点上，选点灵活、科学、合理			
记录及草图绘制	15 分	清晰、信息齐全			
内业成图	25 分	地物地貌与实地相符，符号利用正确，图形严格分层管理			
精度	10 分	精度符合规范要求			
综合印象	10 分	文明作业，团队合作等			
合计					

六、练习题

每组上交一份合格的 1∶500 数字地形图及 dat 文件格式原始有码坐标数据。

项目八　RTK 数字测图

一、目的要求

1. 掌握 RTK 模式的设置。

2. 掌握 RTK 野外数据采集及记录。

3. 掌握 RTK 与计算机数据通讯。

二、准备工作

1. 仪器工具：RTK 1 套。

2. 自备：铅笔、橡皮、小刀、指导书。

3. 人员组织：每 4 人一组，轮换操作。

三、要点及流程

1. 连接蓝牙功能步骤

首先打开接收机的开关，确认接收机的工作状态是动态模式；再打开手簿界面，确认手簿界面是初始界面。用触屏笔点击初始界面中的开始，接下来按以下步骤进行连接：

（1）开始→设置→连接→蓝牙→添加新设备（等待搜索结果）→选中所要建立手簿与接收机的对应型号→下一步→密码（1234）→下一步（等待配对结果）→串行端口前打勾→完成。

（2）点击退出输入状态，打开模式界面：模式→在打开蓝牙与使设备对其他设备可见前都打勾→COM 端口→新建发送端口选中接收机型号→下一步→端口 com8、安全连接打勾→完成→退到原始界面。

2. HCGPSSet 的设置

开始→资源管理器→向上（点到不出现向上为止）→program Files→RTKCE→HCGPSSet→端口（与第一步中的端口对应）→用蓝牙前打勾→下面设置如下：采样间隔 15 s、高度截止角 15.000、数据记录方式手动、数据记录时段手动、数据输出方式正常模式、接收机工作状态自启动移动站、子启动发送端口 port2+GPRS、自启动发送格式 CMR→打开蓝牙（等待结果）→应用→OK。

3. HCGPRSCE 的设置

（1）打开 HCGPRSCE 界面：HCGPRSCE→端口（与上述相对应）→使用蓝牙前打勾、原始协议前不打勾→主机信息→设置工作模式。

（2）打开 GPRS 界面：通讯协议 TCP CLIENT、模式移动站、服务器 IP61.150.72.147、端口 8080、APN 接入点名称 CMNET、移动服务商号码 ＊99＊＊＊1#其余项目设置为空→更新。

（3）打开 CORS 界面：拨号协议内嵌 TCP/IP、登录模式自动、差分格式 CMR 其余项目为空→更新。

4. RTKCE（亦叫测地通软件）的设置

（1）打开 RTKCE 界面。

若为刚开始的一个任务→文件→新建任务输入任务名称、坐标系统 WGS-84→接受；

若为以前的任务：文件→打开任务→接受。

（2）配置→手簿端口配置→连接类型蓝牙、手簿端口配置（与上边设置的一样）其余项目为空→确定。

（3）配置→坐标系管理→若为新任务则水平分差与垂直分差前都不打勾；配置→坐标系管理→若为之前的任务则必须确认各项参数是否正确→确定。

配置→移动站参数→内置电台和 GPRS→工作模式 GPRS 模式、通讯协议 TCP client、服务器 IP61.150.72.147、端口 8080 其余项目为空→设置（等待设置结果）→接受。

配置→内置 VRS 移动站→源列表 sxty1（或者 sxty2）、用户名 sxty3－12（只能选一个、密码与用户名一样）→登录（等待结果）→接受。

测量→自启动移动站接收机（等待结果，大约过 15 s 的时间，手簿屏幕下就会出现一个电台的标志，说明已经收到基准站电台发射的差分数据信号，此时黑色的单点定位就会变成红色的浮动继而会变成黑色的固定，此时即可进行下一步的测量工作）。

5. 点校正（目的是得到当地坐标系统参数）

（1）手簿输入参与校正的当地已知点坐标。

（2）实地测量要校正的点的 GNSS 坐标。

（3）点击测量→点校正→增加→网格点坐标→GNSS 点坐标→确定→依次增加要参与校正的点的网格点坐标和 GNSS 点坐标→点计算→确定→出现两次提示框→两次都点击确定，点校正完成。

6. 绘制草图及测量碎部点

7. 数据导出

打开测地通，文件—导出，根据所需要的格式，导出坐标，一般选用"点坐标"，输入文件名，显示方式和导出的文件类型一般选用默认，导出数据，再将手簿和计算机连接在一起（需先安装微软同步软件和 USB 驱动），打开移动设备→我的计算机→Built-in→RTKCE，将文件拷出来即可。

8. CASS 软件成图

四、注意事项

1. 在蓝牙连接时可能在创建 com8 端口时出现无法创建 com8 端口，请检查您的设置，然后重试，或者请将端口改成 com9。

2. HCGPRSCE 的设置完后将接收机关机，待过十几秒中后再开机。

3. 流动站天线保持稳定，进行初始化工作，得到 RTK 固定解。这一时间根据卫星状况、观测环境状况等可能会持续 15 ～ 120 s。

4. 以固定解模式观测普通地物点，连续观测 3 次，取平均值作为最终结果。以固定解模式观测重要地物点，连续观测 5 次，取平均值作为最终结果。

5. 如果不能顺利初始化，可移动流动站天线位置，选择观测条件好的地点进行初始化，然后移动到待测点上。

6. 作业过程中如果发生初始化丢失时，需要重新稳定进行初始化工作，直至得到 RTK 固定解为止。

五、考核评分标准

考核标准：RTK 数字测图成绩评定标准见表 3－21。

考核项目：RTK 数字测图的应用。

表 3-21　RTK 数字测图成绩评定表

测试内容	分值	操作要求及评分标准	扣分	得分	考核记录
工作态度	10 分	仪器工具轻拿轻放，搬仪器动作规范，装箱正确			
仪器操作	20 分	操作熟练、规范，方法步骤正确、不缺项			
碎部点的选择	10 分	选在地物地貌特征点上，选点灵活、科学、合理			
记录及草图绘制	15 分	清晰、信息齐全			
内业成图	25 分	地物地貌与实地相符，符号利用正确，图形严格分层管理			
精度	10 分	精度符合规范要求			
综合印象	10 分	文明作业，团队合作等			
合计					

六、练习题

每组上交一份合格的测站草图及 dat 文件格式原始坐标数据。

项目九　地形要素的获取及面积量算

一、目的要求

1. 掌握在 CASS 软件中查询指定点坐标的方法。
2. 掌握在 CASS 软件中查询两点距离及方位的方法。
3. 掌握在 CASS 软件中查询实体面积的方法。

二、准备工作

1. 仪器工具：CASS 软件 1 套。
2. 自备：说明书 1 本，铅笔、橡皮、小刀、指导书。
3. 人员组织：每 1 人一组。

三、要点及流程

1. 查询指定点坐标
用鼠标点取"工程应用"菜单中的"查询指定点坐标"。用鼠标点取所要查询的点即可。也可以先进入点号定位方式，再输入要查询的点号。
2. 查询两点距离及方位
用鼠标点取"工程应用"菜单下的"查询两点距离及方位"。用鼠标分别点取所要查询的两点即可。也可以先进入点号定位方式，再输入两点的点号。
说明：CASS 所显示的坐标为实地坐标，所以所显示的两点间的距离为实地距离。
3. 查询线长
用鼠标点取"工程应用"菜单下的"查询线长"。用鼠标点取图上曲线即可。
4. 查询实体面积
用鼠标点取待查询的实体的边界线即可，要注意实体应该是闭合的。

四、注意事项

1. 系统左下角状态栏显示的坐标是迪卡尔坐标系中的坐标，与测量坐标系的 X 和 Y 的顺序相反。用此功能查询时，系统在命令行给出的 X、Y 是测量坐标系的值。

2. CASS 所显示的坐标为实地坐标，所以所显示的两点间的距离为实地距离。

五、考核评分标准

考核标准：地形要素的获取及面积量算成绩评定标准见表 3-22。

考核项目：地形要素的获取及面积量算。

表 3-22　地形要素的获取及面积量算成绩评定表

测 试 内 容	分值	操作要求及评分标准	扣分	得分	考核记录
工作态度	10 分	软件使用正确，团队协作意识等			
软件操作过程	35 分	操作熟练、规范，方法步骤正确			
读数、记录	10 分	读数、记录正确、规范			
计算	10 分	正确			
精度	25 分	精度符合规范要求			
综合印象	10 分	动作规范、熟练，文明作业			
合计					

六、练习题

1. 大比例尺数字化测图时，设明显地物点测量的点位中误差为 7.5 cm，求相邻区域接边时的容许误差是多少？

2. 作业成果、成图检查验收的目的、内容和方法步骤是什么？

3. 两相邻地貌特征点，高程分别为 152.46 m、175.68 m，等高距为 1 m，试计算它们之间有几根等高线？高程各为多少？共有几条计曲线和首曲线？

项目十　纵横断面图绘制

一、目的要求

1. 掌握编辑已知坐标文件的方法。

2. 掌握利用 CASS 软件绘制纵横断面的方法。

二、准备工作

1. 仪器工具：全站仪 1 套，棱镜 1 个，对中杆 1 个，CASS 软件 1 套，说明书 1 本。

2. 自备：铅笔、橡皮、小刀、指导书。

3. 人员组织：每 4 人一组，轮换操作。

三、要点及流程

1. 已知坐标简码数据文件编写要求

总点数

　　　点号，M1，X 坐标，Y 坐标，高程　　　［其中，代码为 Mi 表示道路中心点，代码为 i 表示］

　　　点号，1，X 坐标，Y 坐标，高程　　　　［该点是对应 Mi 的道路横断面上的点］

　　　……

　　　点号，M2，X 坐标，Y 坐标，高程

　　　点号，2，X 坐标，Y 坐标，高程

　　　　　……

　　　点号，Mi，X 坐标，Y 坐标，高程

　　　点号，i，　X 坐标，Y 坐标，高程

　　　　　……

注意：M1、M2、M3 各点应按实际的道路中线点顺序，而同一横断面的各点可不按顺序。

2. 断面里程文件编写要求

CASS 软件的断面里程文件扩展名是".HDM"，总体格式如下：

　　　BEGIN［，断面里程］［：断面序号］

　　　第一点里程，第一点高程

　　　第二点里程，第二点高程

　　　……

　　　NEXT

　　　另一期第一点里程，第一点高程

　　　另一期第二点里程，第二点高程

　　　……

　　　下一个断面

　　　……

说明：

① 每个断面第一行以"BEGIN"开始；"断面里程"参数多用在道路土方计算方面，表示当前横断面中桩在整条道路上的里程，如果里程文件只用来画断面图，可以不要这个参数；"断面序号"参数和下面要讲的道路设计参数文件的"断面序号"参数相对应，以确定当前断面的设计参数，同样在只画断面图时可省略。

② 各点应按断面上的顺序表示，里程依次从小到大。

③ 每个断面从"NEXT"往下的部分可以省略，这部分表示同一断面另一个时期的断面数据，例如设计断面数据，绘断面图时可将两期断面线同时画出来，如同时画出实际线和设计线。

3. 绘制断面图

绘制断面图的方法有两种：一种是由图面生成，另一种是根据里程文件来生成。

（1）由图面生成。

有根据坐标文件和根据图上高程点两种方法，现以根据坐标文件为例：

先用复合线生成断面线，点取"工程应用"下的"绘断面图"中的"根据坐标文件"功能。

提示：选择断面线，用鼠标点取上步所绘断面线。屏幕上弹出"输入高程点数据文件名"的对话框，然后选择高程点数据文件。

如果选取"根据图上高程点"，此步则为在图上选取高程点。

提示：请输入采样点间距（米）：<20> 输入采样点的间距，系统的默认值为20米。采样点的间距的含义是复合线上两顶点之间若大于此间距，则每隔此间距内插一个点。

提示：输入起始里程<0.0> 系统默认起始里程为0。

横向比例为1：<500> 输入横向比例，系统的默认值为1：500。

纵向比例为1：<100> 输入纵向比例，系统的默认值为1：100。

请输入隔多少里程绘一个标尺（米）<直接回车只在两侧绘标尺>。

则在屏幕上出现所选断面线的断面图，如图3-33所示。

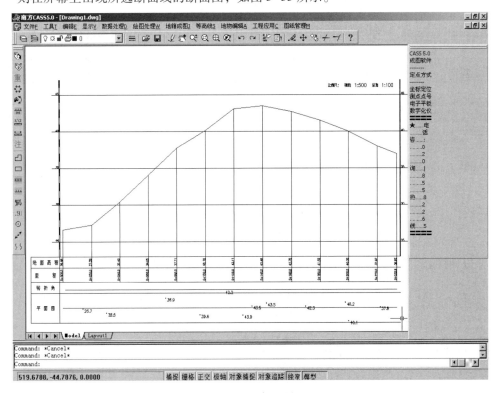

图3-33　断面图

命令行提示：是否绘制平面图？（1）否（2）是 　　<1> 上图即为绘出平面图的结果。

（2）根据里程文件生成。

一个里程文件可包含多个断面的信息，此时绘断面图就可一次绘出多个断面。

里程文件的一个断面信息内允许有该断面不同时期的断面数据，这样绘制这个断面时就可以同时绘出实际断面线和设计断面线。

四、注意事项

在进行完成绘制工作之后，可用"工程应用"菜单下的"图面恢复"命令，就可以删除断面图，恢复先前的图形显示。

五、考核评分标准

考核标准：线路纵横断面图绘制成绩评定标准见表3-23。

考核项目：线路纵横断面图的绘制。

表3-23　线路纵横断面图绘制成绩评定表

测 试 内 容	分值	操作要求及评分标准	扣分	得分	考核记录
工作态度	10分	软件使用正确，团队协作意识等			
软件操作过程	35分	操作熟练、规范，方法步骤正确			
读数、记录	10分	读数、记录正确、规范			
计算	10分	正确			
精度	25分	精度符合规范要求			
综合印象	10分	动作规范、熟练，文明作业			
合计					

六、练习题

每组上交一份合格的纵横断面图。

项目十一　工程土方量计算

一、目的要求

掌握土方量的计算方法。

二、准备工作

1. 仪器工具：CASS软件1套，说明书1本。
2. 自备：铅笔、橡皮、小刀、指导书。
3. 人员组织：每1人一组。

三、要点及流程

1. 实习内容

（1）在实验室按规定步骤计算。

（2）选择合适的计算范围。

（3）绘好方格网，并标注地面实际高程。

（4）设计好地面标高，并计算每个角点设计高程。

（5）标出填挖零线，计算方格网面积。

（6）计算每个格网填挖方量，并计算总工程量。

2. 用断面法进行土方量计算

（1）展出计算区域内的高程点。

（2）绘出需平整的边界闭合线（切割边界线），再确定纵断面线的方向和长度，纵断面线的长度应与两端的边界闭合线相交。

（3）点击"工程应用"→生成里程文件→由纵断面线生成→新建，按提示选纵断面线，弹出"由纵断面线生成里程文件"的对话框，选结点，填写横断面间距及左、右长度（横断面长度应超出边界闭合线，这主要是考虑放坡问题），点确定。

（4）点击"工程应用"→生成里程文件→由纵断面线生成→添加、变长、剪切，添加是在横断面线上加横断面线；变长是调整横断面线的长短的问题；剪切是把放坡以外的横断面线剪去。在第三步完成后，即可在图面上大概确定放坡的位置，连成闭合线，点剪切后选这根闭合线，长出的横断面线会删除。

（5）点击"工程应用"→生成里程文件→由纵断面线生成→设计，按提示栏选择切割边界线（平整的边界闭合线），再按提示选横断面线，这时会在左横断面线与切割边界线相交点上出现"设计高程"对话框，输入该断面线的设计高程，回车，输入右端的设计高程，回车，再选下一条横断面线，以此类推，输入完毕后退出。

（6）点击"工程应用"→生成里程文件→由纵断面线生成→生成，按提示选纵断面线即弹出"生成里程文件"对话框。第一栏选取第一步展点时的高程数据文件（格式 .dat），第二栏输入并保存生成的里程文件名（格式 .hdm），第三栏输入并保存相对应的坐标数据文件名（格式 .dat）。最后输入横断面线插值间距和起始里程后，点确定，这时图中纵断面线与横断面线交点上会标出中桩里程及高程。

（7）点击"工程应用"→断面法土方计算场地断面，弹出"断面设计参数"对话框，在选择里程文件栏下打开上步中第二栏所保存的文件，在横断面设计文件栏下打开上步中第三栏所保存的文件，输入坡度、纵横向比例、行列间距等项，最后点确定。再次弹出"绘制纵断面"对话框，输入所绘位置和比例后点确定，这时纵断面图就绘制在给定的位置上。按提示，在屏幕上指定横断面图绘制的起始位置就会绘出所有的横断面图和挖填面积。如果要修改横断面线和设计断面线，点击"工程应用"→断面法土方计算→编辑断面线，按提示选择后，弹出"编辑"对话框，在所需的位置插入距离、高程即可，左断面的距离为-，右断面的距离为+。

（8）点击"工程应用"→断面法土方计算图面土方计算，按提示框选所有横断面，回车，按提示在屏幕上指定土石方计算表左上角位置，即完成全部工作。

场地断面法二期土方计算：分别用第一期工程（开挖前的原始地貌）、第二期工程（开挖平整后）的高程文件分别生成里程文件一和里程文件二。

① 第一期工程的里程文件生成可按上面的第一步至第六步完成。第二期工程的里程文件生成可免去第五步的设计工作。第二期工程在上面的第三步中的新键前，把平面图中第一期的横断面线删除，重新建立横断面线，但二期的纵横断面线需重合。

② 使用其中一个里程文件生成纵横断面图。如绘出第一期的纵横断面图（见上面的第七步），然后点击"工程应用"→断面法土方计算→图上添加断面线，系统弹出"添加断面

线"对话框，在选择里程文件下填入第二期工程的里程文件，点击确定，命令行显示选择需要添加断面的断面图，框选所有横断面图，回车确认后，图上的断面图上就有两条横断面线了。

③ 点击"工程应用"→断面法土方计算→二断面线间土方计算，按命令行提示输入第一期断面线编码（C）／〈选择已有地物〉：选择第一期的断面线。输入第二期断面线编码（C）／〈选择已有地物〉：选择第二期的断面线。选择要计算土方的断面图：框选需要计算的断面图。回车确认后，命令行提示指定土石方计算表左上角位置：点取插入土方计算表的左上角，至此，二断面间土方计算已完成。

3. 施工场地平整水准测量记录（见表 3-24）

表 3-24　施工场地平整水准测量记录

观测_____　　　记录_____　　　检查_____　　　日期_____

测站	点号	第一次观测				第二次观测				平均高程 H_i（m）
		后读（m）	视线高（m）	前读（m）	高程（m）	后读（m）	视线高（m）	前读（m）	高程（m）	

4. 施工施工场地平整土方量计算表（见表3-25）

表 3-25　施工场地平整土方量计算表

计算_____　　　　　检查_____　　　　　日期_____

零点高程计算	图上零线内插
设：权值 P_i 角点 0.25 边点 0.50 拐点 0.75 中点 1.00 零点高程 H_0： $$H_0 = \dfrac{\sum P_i \cdot H_i}{\sum P_i}$$ = **说明**：每方格实地长×宽 为 10 m×10 m。	

方格号	各点挖深（+）或填高（-）（m）				挖方（m³）			填方（m³）			备注
	左上	右上	左下	右下	均深	面积	方量	均高	面积	方量	
合计							$\sum$			$\sum$	

四、注意事项

1. 场地断面法二期土方计算，完成第二步后，应对第二期的断面线进行编辑，使断面线的两个端点与第一期的断面线相交。

2. 场地断面法二期土方计算，在第三步中选择第一期的断面线和选择第二期的断面线时，只需选择横断面图中的任何一个回车即可。

五、考核评分标准

考核标准：场地平整的土方估算成绩评定标准见表3-26。

考核项目：工程土方量的计算。

表 3-26　场地平整的土方估算成绩评定表

测 试 内 容	分值	操作要求及评分标准	扣分	得分	考核记录
合理绘制方格网并在图上正确标注编号	10 分	方格网绘制及其标注合理、正确得 10 分；方格网绘制不合理扣 5~7 分；标注错误扣 3 分			
原地面高程计算并在图上正确标注	15 分	一个方格网点原地面计算有明显错误扣 1 分；标注错误扣 3 分，直到扣完为止			
计算设计高程	20 分	完全计算正确得 20 分；公式、方法正确结果错误得 12~15 分，全错不得分			
计算各方格网点填挖数值并在图上正确标注	15 分	各方格网点填挖数值及其标注合理、正确得 10 分；各方格网点填挖数值计算错误 1 处各扣 1 分；标注错误扣 3 分，直到扣完为止			
确定填挖边界线	10 分	填挖边界线的确定及其标注，合理得 10 分；方法不正确或结果错误扣 1 分，标注错误扣 3 分，直到扣完为止			
计算填、挖土（石）方量	25 分	计算完全正确的 25 分；公式正确结果有误的 15 分，全部错误不得分；部分结果正确的酌情给分			
计算检核	5 分	填挖基本平衡的检核对比			
合计					

六、练习题

1. 土石方估算的方法有哪几种？各适用于什么场合？

2. 如何绘制地形断面图？

3. 面积量算有哪些方法？各自有什么适用范围？

模块四

线路测量

项目一　圆曲线主要点（三大桩）测设

一、目的要求

1. 掌握路线交点转角的测定方法。
2. 掌握圆曲线主点测设要素计算。
3. 掌握圆曲线主点里程桩的设置。
4. 掌握圆曲线主点的测设方法。

二、准备工作

1. 仪器工具：经纬仪、钢尺、测钎、记录夹、木桩、小钉、计算器、测伞。
2. 人员组成：每3人一组，其中1人观测记录，另2人量距，轮换操作。

三、要点及流程

1. 实习任务

（1）根据实地情况选定适宜的半径。

（2）计算切线长 T、曲线长 L、外矢距 E_0 及切曲差 q

$$T = R\tan\alpha/2 \qquad L = R\alpha \qquad E_0 = R(\sec\alpha/2 - 1) \qquad q = 2T - L$$

2. 测设步骤

（1）如图 4-1 所示，在转折点 JD 处安置经纬仪，瞄准 ZY 点定向，并在此方向线上测设切线长 T 得曲线起点 ZY，再向左侧测设（$180°-\alpha$）角度，在此方向线上测设曲线长 T 得曲线终点 YZ 点（现场测设时，起点、终点方向均为已知）。

（2）瞄准终点 ZY 方向，向右侧测设（$180°-\alpha$）/2 角度，在此向线上测设 E_0 距离得曲线中点 QZ 点。

四、注意事项

1. 凡标定方向和拨角，均应采用经纬仪正倒镜分中法。
2. 凡丈量距离，均应进行往返测，并达到 1/2000 的精度要求。

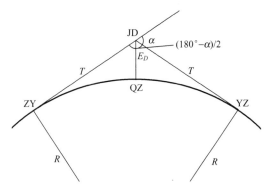

图 4-1　圆曲线主点示意图

五、考核评分标准

考核标准：圆曲线主点（三大桩）测设考核评分标准见表 4-1。

考核项目：设定圆曲线半径 $R = 380\,\mathrm{m}$，实测转向角 $\alpha = 12°26'34''$，交点里程为 DK43+648.170，要求计算该曲线的要素及各主要点的里程并测设于地面，并用小钉在木桩上标定。

表 4-1　圆曲线主点（三大桩）测设考核评分表

测 试 内 容	分值	操作要求及评分标准	扣分	得分	考 核 记 录
仪器工具使用规范	10 分	仪器、工具操作符合使用规则，违反处酌情扣分			
数据资料准确齐全	20 分	测设所需数据计算按曲线规范准确无误，图示字母符号清晰整齐，不符合处酌情扣分			
测设方法正确	30 分	测设步骤、操作方法符合曲线测设规则，顺序正确熟练，不当处扣分			
检核结果	20 分	检核测设结果符合限差要求：角度 $\pm 30''$，距离 $\pm 10\,\mathrm{mm}$，每处错误扣 5 分			
文明操作遵守纪律	10 分	操作过程中遵守纪律文明礼貌，无野蛮现象，同学协作默契，无安全事故			
时间 45 分钟	10 分	操作要求井然有序，忙而不乱，遵守时间，超时扣 10 分			
合　　计					

六、练习题

1. 什么是圆曲线的主点？圆曲线元素有哪些？

2. 如何测设圆曲线的主点？

3. 已知线路转向角（右角）$\alpha = 12°23'10''$，圆曲线半径 $R = 500\,\mathrm{m}$，计算圆曲线元素。若线路交点里程为 DK11+390.780，计算圆曲线各主点里程，并用《铁路曲线测设用表》对计算进行检核。

项目二　加设缓和曲线的圆曲线主要点（五大桩）测设

一、目的要求

1. 掌握增设缓和曲线后交点转角的测设方法。
2. 掌握缓和曲线主点测设要素计算。
3. 掌握增设缓和曲线后主点里程桩的设置。
4. 掌握增设缓和曲线后曲线主点的测设方法。

二、准备工作

1. 仪器工具：经纬仪、钢尺、测钎、记录夹、木桩、小钉、计算器、测伞。
2. 人员组成：每 3 人一组，其中 1 人观测记录，另 2 人量距，轮换操作。

三、要点及流程

1. 计算缓和曲线常数及曲线综合要素
   缓和曲线常数的计算。

$$\text{内移距：} p = \frac{1}{24R}l_0^2 \qquad\qquad \text{缓和曲线角：} \beta_0 = \frac{1}{2R}l_0$$

$$\text{切垂距：} m = \frac{1}{2}l_0 - \frac{1}{240R^2}l_0^3 \qquad \text{缓和曲线偏角：} \delta_0 = \frac{1}{6R}l_0$$

$$\text{终点坐标：}\begin{array}{l} x_0 = l_0 - \frac{1}{40R^2}l_0^3 \\[2mm] y_0 = \frac{1}{6R}l_0^2 \end{array} \qquad \text{缓和曲线反偏角：} b_0 = \frac{1}{3R}l_0$$

曲线综合要素的计算。

切线长 $\qquad\qquad T = (R+P)\tan(\alpha/2) + m$
曲线长 $\qquad\qquad L = R(\alpha - 2\beta_0) + 2l_0$
外矢距 $\qquad\qquad E_0 = (R+P)\sec(\alpha/2) - R$
切曲差 $\qquad\qquad q = 2T - L$

2. 测设步骤

根据实地情况选定适宜的半径，如图 4-2 所示。测设步骤如下所述：

（1）安置经纬仪于交点，照准始切线上的相邻交点或直线转点标定方向，于该方向线上丈量切线长 T，标定 ZH。

（2）从直缓点沿始切线方向向交点退回 x_0，标定缓圆点在始切线上的垂足 Y_c。

（3）经纬仪于交点不动，照准末切线上的相邻交点或直线转点标定方向，于该方向线上丈量切线长 T，标定 HZ。

（4）从缓直点沿末切线方向向交点退回 x_0，标定圆缓点在末切线上的垂足 Y_c。

（5）经纬仪于交点不动，以切线定向后，向曲线内侧拨角 $(180° - \alpha)/2$，将视线转至内分角线方向上，沿该视线方向丈量外矢距 E_0，标定 QZ。

117

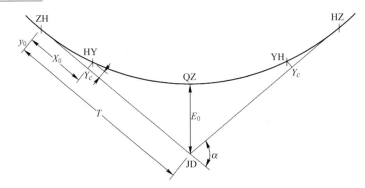

图 4-2　加设缓和曲线的圆曲线主点示意图

（6）经纬仪安置于始切线上的 Y_c，照准交点定向后，向曲线内侧拨角 90°，在视线远方适当地点先标定 p 点（倒 Y_c），再从 y_0 沿该方向丈量 y_0，标定 HY。

（7）经纬仪安置于末切线上的 Y_c，按上述方法可标定出 p（倒 Y_c）和 YH。

四、注意事项

1. 凡标定方向和拨角设置方向，均应采用经纬仪正倒镜分中法；凡丈量距离，均应进行往返测，并达到 1/2000 的精度要求。

2. 主要点测设出来后均应钉设方桩，在其上钉小钉以表示点位，并在规定位置钉设相应的标志桩。

3. 垂足 Y，和倒 Y_c（p）虽不属曲线主要点，但要据以测设曲线主要点 HY 和 YH，而且有时在曲线详细测设时起控制作用，故也用方桩予以标定。

五、考核评分标准

考核标准：加设缓和曲线的圆曲线主要点（五大桩）测设考核评分标准见表 4-2。

考核项目：设定圆曲线半径 $R = 380$ m，实测转向角 $\alpha = 12°26'34''$，缓和曲线长 $l_0 = 20$ m，交点里程为 DK43+648.170，要求计算该曲线的要素及各主要点的里程并测设于地面，并用小钉在木桩上标定。

表 4-2　加设缓和曲线的圆曲线主要点（五大桩）测设考核评分表

测 试 内 容	分值	操作要求及评分标准	扣分	得分	考 核 记 录
仪器工具使用规范	10 分	仪器、工具操作符合使用规则，违反处酌情扣分			
数据资料准确齐全	20 分	测设所需数据计算按曲线规范准确无误，图示字母符号清晰整齐，不符合处酌情扣分			
测设方法正确	30 分	测设步骤、操作方法符合曲线测设规则，顺序正确熟练，不当处扣分			
检核结果	20 分	检核测设结果符合限差要求：角度±30″，距离±10 mm，错误每处扣 5 分			
文明操作遵守纪律	10 分	操作过程中遵守纪律文明礼貌，无野蛮现象，同学协作默契，无安全事故			
时间 45 分钟	10 分	操作要求井然有序，忙而不乱，遵守时间，超时扣 10 分			
合计					

六、练习题

1. 何谓缓和曲线？要直线和圆曲线之间设置缓和曲线的作用是什么？

2. 在某线路上，已知圆曲线半 $R = 1000\,\mathrm{m}$，转角 $\alpha_{左} = 8°22'00''$，缓和曲线长 $l_0 = 40\,\mathrm{m}$，计算综合曲线各元素。

项目三　圆曲线偏角法详细测设

一、目的要求

掌握偏角法测设曲线的基本原理、圆曲线偏角计算的方法及测设方法。

二、准备工作

1. 仪器工具：经纬仪、钢尺、测钎、记录夹、木桩、小钉、计算器、测伞。

2. 人员组成：每 3 人一组，其中 1 人观测记录，另 2 人量距，轮换操作。

三、要点及流程

1. 实习任务

① 根据实地情况选定适宜的半径和转向角。

② 计算圆曲线主点及 4 个分弦偏角、主点及各圆曲线上的详细桩按里程前进方向编号，并计算出各偏角角度。

$$\delta_1 = \frac{1}{2R}C_1 = \frac{1}{2R}C$$

偏角法测设如图 4-3 所示圆曲线。

2. 测设步骤

① 置镜于缓圆点后视直缓点反拨 $180° + b_0$ 在此方向使读盘置零。

② 反拨第一分弦偏角角度，并在此方向丈量第一分弦距离定出 1 号点。

③ 继续反拨 δ_2 角度，并从 1 号点向前量取 20 m 距离与视线方向交点即可定出 2 号点。

④ 继续反拨 δ_3 角度，并从 2 号点向前量取 20 m 距离与视线方向交点即可定出 3 号点。

⑤ 依此方法继续反拨角度将各个点定出。

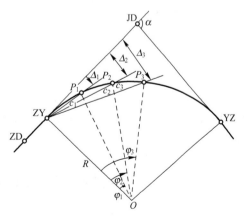

图 4-3　偏角法测设圆曲线示意图

四、注意事项

1. 圆曲线按线路前进方向每 20 m 整桩里程编写合理。
2. 圆曲线上各里程桩及 4 个分弦里程的编算。
3. 各分弦偏角角度的计算及置镜点的切线方向。

五、评分标准

考核标准：圆曲线偏角法详细测设考核评分标准见表 4-3。

考核项目：设定圆曲线半径 $R = 380$ m，实测转向角 $\alpha = 12°26'34''$，交点里程为 DK43+648.170，要求计算该曲线的要素及各主要点的里程并测设于地面，并用小钉在木桩上标定。

表 4-3　圆曲线偏角法详细测设考核评分表

测 试 内 容	分值	操作要求及评分标准	扣分	得分	考 核 记 录
仪器工具使用规范	10 分	仪器、工具操作符合使用规则，违反处酌情扣分			
数据资料准确齐全	20 分	测设所需数据计算按曲线规范准确无误，图示字母符号清晰整齐，不符合处酌情扣分			
测设方法正确	30 分	测设步骤、操作方法符合曲线测设规则，顺序正确熟练，不当处扣分			
检核结果	20 分	检核测设结果符合限差要求：角度 ±30″，距离 ±10 mm，错误每处扣 5 分			
文明操作遵守纪律	10 分	操作过程中遵守纪律文明礼貌，无野蛮现象，同学协作默契，无安全事故			
时间 45 分钟	10 分	操作要求井然有序，忙而不乱，遵守时间，超时扣 10 分			
合计					

六、练习题

1. 什么是里程桩？怎样测设里程桩？
2. 简述圆曲线偏角计算及测设方法；
3. 何谓分弦及分弦偏角？
4. 某铁路曲线设计选配的圆曲线半径 $R = 4000$ m，实测转向角 $\alpha_左 = 2°10'14''$，已知 JD 的里程为 DK74+216.780，试计算其曲线要素、推算主点里程、计算各 20 m 整桩对于 ZY 点偏角及在始切线坐标系中的坐标。

项目四　缓和曲线偏角法详细测设

一、目的要求

掌握偏角法测设原理：加设缓和曲线后，曲线每 10 m 加设中线桩偏角的计算和测设方法。

二、准备工作

1. 仪器工具：经纬仪、钢尺、测钎、记录夹、木桩、小钉、计算器、测伞。
2. 人员组成：每3人一组，其中1人观测记录，另2人量距，轮换操作。

三、要点及流程

1. 实习任务

① 根据实地情况选定适宜的半径和转向角。

② 计算主点综合要素及缓和曲线上各个10 m加桩的里程和偏角角度：

$$\delta_t = \frac{1}{6RL_0}L_t = \frac{l^2}{n^2}\delta_0$$

偏角法测设如图4-4所示缓和曲线。

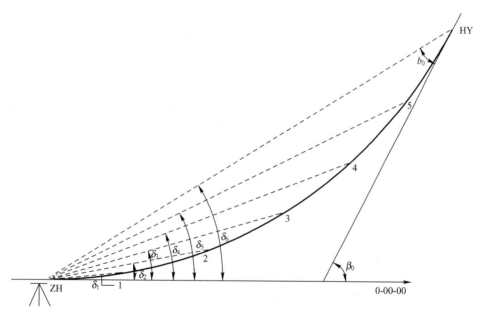

图4-4　偏角法测设缓和曲线示意图

2. 测设步骤

① 置镜直缓点后视交点方向定向读盘置零。

② 反拨角度 δ_1，从直缓点量10 m的距离与视线方向的交点即为1号桩。

③ 继续反拨角度 δ_2，从1号点向前量取10 m的距离与视线方向的交点即为2号桩。

④ 继续反拨角度 δ_3，从2号点向前量取10 m的距离与视线方向的交点即为3号桩。

⑤ 其余各桩依此方法可确定。

四、注意事项

1. 缓和曲线置镜点的切线方向的确定。
2. 待测点的偏角角度。
3. 各弦长依次均为10 m的距离。

五、考核评分标准

考核标准：缓和曲线偏角法详细测设评分标准见表 4-4。

考核项目：设定圆曲线半径 $R = 380$ m，缓和曲线长 $l_0 = 30$ m，实测转向角 $\alpha = 12°26'34''$，交点里程为 DK43+648.170，要求计算该曲线的要素及各主要点的里程并测设于地面，并用小钉在木桩上标定。

表 4-4　缓和曲线偏角法详细测设评分表

测 试 内 容	分值	操作要求及评分标准	扣分	得分	考 核 记 录
仪器工具使用规范	10分	仪器、工具操作符合使用规则，违反处酌情扣分			
数据资料准确齐全	20分	测设所需数据计算按曲线规范准确无误，图示字母符号清晰整齐，不符合处酌情扣分			
测设方法正确	30分	测设步骤、操作方法符合曲线测设规则，顺序正确熟练，不当处扣分			
检核结果	20分	检核测设结果符合限差要求：角度±30″，距离±10 mm，错误每处扣5分			
文明操作遵守纪律	10分	操作过程中遵守纪律文明礼貌，无野蛮现象，同学协作默契，无安全事故			
时间45分钟	10分	操作要求井然有序，忙而不乱，遵守时间，超时扣10分			
合计					

六、练习题

1. 何谓缓和曲线常数？如何计算缓和曲线常数？
2. 简述缓和曲线每 10 m 加桩的测设方法。
3. 简述缓和曲线偏角和圆曲线偏角的计算原理。

项目五　线路综合曲线中线桩偏角法详细测设

一、目的要求

1. 掌握用偏角法在曲线上进行详细测设。
2. 熟练掌握在偏角法中置镜点的切线方向和待测点的偏角计算和使用方法。

二、准备工作

1. 仪器工具：经纬仪、钢尺、测钎、记录夹、木桩、小钉、计算器、测伞。
2. 人员组成：每 3 人一组，其中 1 人观测记录，另 2 人量距，轮换操作。

三、要点及流程（以实例简述偏角法详细测设过程）

如图 4-5 所示，已知某线路曲线选配圆曲线半径 $R = 1000\,\text{m}$，缓和曲线长 $l_0 = 70\,\text{m}$，实测转向角（右角）$\alpha = 12°38'46''$，中线测量交点里程为 JD：DK23+734.285，置镜 ZH、QZ、HZ 测设该曲线，完成有关计算。

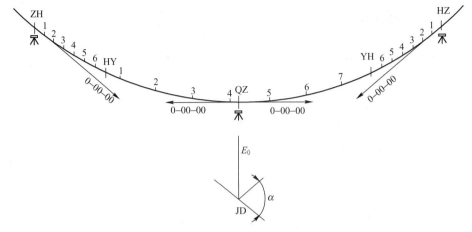

图 4-5　偏角法测设综合曲线示意图

（1）缓和曲线常数的计算。

$$p = \frac{1}{24R}l_0^2 = 0.204\,\text{m} \qquad\qquad \beta_0 = \frac{1}{2R}l_0 = 2°00'19.27''$$

$$m = \frac{1}{2}l_0 - \frac{1}{240R^2}l_0^3 = 34.998\,\text{m} \qquad\qquad \delta_0 = \frac{1}{6R}l_0 = 0°40'06.42''$$

$$x_0 = l_0 - \frac{1}{40R^2}l_0^3 = 69.991\,\text{m} \qquad\qquad b_0 = \frac{1}{3R}l_0 = 1°20'12.85''$$

$$y_0 = \frac{1}{6R}l_0^2 = 0.817\,\text{m}$$

（2）曲线综合要素的计算。

切线长 $\qquad\qquad T = (R+P)\tan(\alpha/2) + m = 145.829\,\text{m}$

曲线长 $\qquad\qquad L = R(\alpha - 2\beta_0) + 2l_0 = 290.716\,\text{m}$

外矢距 $\qquad\qquad E_0 = (R+P)\sec(\alpha/2) - R = 6.326\,\text{m}$

切曲差 $\qquad\qquad q = 2T - L = 0.942\,\text{m}$

（3）主要点里程。

	JD	DK23+734.285
−	T	145.829
	ZH	DK23+588.456
+	l_0	70
	HY	DK23+658.456
+	$\dfrac{L-2l_0}{2}$	75.358

QZ	DK23+733.814	
$+\dfrac{L-2l_0}{2}$	75.358	
YH	DK23+809.172	
$+\quad l_0$	70	
HZ	DK23+879.172	

计算检核

ZH	DK23+588.456	
$+\quad 2T$	291.658	
	DK23+880.114	
$-\quad q$	0.942	
HZ	DK23+879.172	

（检核合格）

（4）分弦偏角计算。（表4-5）

表4-5　分弦偏角计算表

编号	分弦长	分弦偏角
1	$c_1' = DK_1 - DK_{HY} = 11.544\ m$	$\delta_1' = \dfrac{c_1'}{2R} = 0°19'50.56''$
2	$c_2' = DK_{YH} - DK_7 = 19.172\ m$	$\delta_2' = \dfrac{c_2'}{2R} = 0°32'57.25''$
3	$c_3' = DK_{QZ} - DK_4 = 3.814\ m$	$\delta_3' = \dfrac{c_3'}{2R} = 0°06'33.35''$
4	$c_4' = DK_5 - DK_{QZ} = 16.186\ m$	$\delta_4' = \dfrac{c_4'}{2R} = 0°27'49.30''$

（5）定向后视读数计算。（表4-6）

表4-6　定向后视读数计算表

置镜点	后视点	设置	正反拨	定向后视读数
ZH	HY	缓和曲线（向前）	反拨	$360° - \delta_0 = 359°19'53.58''$
QZ	JD	圆曲线（向后）	正拨	$270° + \delta_3' = 270°06'33.35''$
		圆曲线（向前）	反拨	$90° + \delta_4' = 90°27'49.30''$
HZ	YH	缓和曲线（向后）	正拨	$\delta_0 = 0°40'06.42''$

（6）缓和曲线10 m桩和圆曲线20 m整桩的里程推算和测设时的平盘读数。（见表4-7）

表 4-7 偏角法测设曲线要素计算表

点号	里程	正反拨	偏角	平盘读数	备注
ZH(0)	DK23+588.456	反拨 ↓	0°00′49.11″	359°59′10.89″	后视 HY 定向
1	+598.456		0°03′16.44″	359°56′43.56″	
2	+608.456		0°07′22.00″	359°52′38.00″	
3	+618.456		0°13′05.77″	359°46′54.23″	
4	+628.456	↓	0°20′27.77″	359°39′32.23″	
5	+638.456		0°29′27.98″	359°30′32.02″	
6	+648.456	↓	0°40′06.42″	359°19′53.58″	
HY(7)	DK23+658.456		2°09′31.85″	2°02′58.50″	
1	+670	↑	1°49′41.29″	1°43′07.95″	$+\delta_1'$
2	+690		1°15′18.64″	1°08′45.30″	
3	+710	↑	0°40′56.00″	0°34′22.65″	
4	+730		0°06′33.35″	0°00′00.00″	
▲QZ	DK23+733.814	正拨 反拨			后视 JD 定向
5	+750	↓	0°27′49.30″	0°00′00.00″	$\delta_4'+\delta_2'$
6	+770		1°02′11.95″	359°25′37.35″	
7	+790		1°36′34.60″	358°51′14.70″	
		↓	2°09′31.85″	358°23′25.40″	
YH(7)	DK23+809.172		0°40′06.42″	0°40′06.42″	
6	+819.172	↑	0°29′27.98″	0°29′27.98″	后视 YH 定向
5	+829.172		0°20′27.77″	0°20′27.77″	
4	+839.172	↑	0°13′05.77″	0°13′05.77″	
3	+849.172		0°07′22.00″	0°07′22.00″	
2	+859.172		0°03′16.44″	0°03′16.44″	
1	+869.172	↑	0°00′49.11″	0°00′49.11″	
▲HZ(0)	DK23+879.172	正拨			

（7）测设方法。

将整条曲线分为三部分来完成，分别为始端缓和曲线、圆曲线、末端缓和曲线，分别在直缓点（ZH）、曲中点（QZ）、缓直点置镜（HZ），具体操作方法如下：

① 根据所给 JD 点将曲线主点（五大桩）测设标定。

② 置镜 ZH 点，后视 HY 点读盘置零，正拨 δ_0 定向再次置零，反拨表 4-7 中 1 号偏角角度，由 ZH 点向视线方向量取 10 m 距离与视线相交既定出 1 号加桩；继续反拨 2 号偏角角度，由 1 号向视线方向量取 10 m 距离与视线相交既定出 2 号加桩；同样方法将始端缓和曲其余加桩依次确定。

③ 置镜 HZ 点，后视 YH 点读盘置零，反拨 360°-δ_0 定向再次置零，正拨上表中末端缓和曲线 1 号偏角角度，由 HZ 量取 10 m 距离与视线相交既定出 1 号加桩；同样方法将末端缓和曲线其余加桩依次确定。

④ 置镜 QZ 点，后视 JD 点读盘置零，正拨 90°定向再次置零，正拨上表中圆曲线 4 号偏角角度，由 QZ 点向视线方向量取 C_3 弦长与视线相交既定出 4 号加桩；继续正拨 3 号偏角角度，由 4 号向视线方向量取 20 m 距离与视线相交确定 3 号加桩；同样方法将圆曲线其余加桩依次确定。

四、注意事项

1. 凡标定方向和拨角设置方向，均应采用经纬仪正倒镜分中法；凡丈量距离，均应进行往返测，并达到 1/2000 的精度要求。

2. 主要点测设出来后均应钉设方桩，在其上钉小钉以表示点位，并在规定位置钉设相应的标志桩。

3. 设置点对于置镜点的偏角计算及拨角方向，正确定出置镜点的切线方向。

4. 用偏角法测设曲线时，铁路测量规定，在缓和曲线段，每 10 m 设置一中线桩；在圆曲线段，应设置出所有 20 m 整桩。

五、考核评分标准

考核标准：综合曲线线路中线桩详细测设评分标准见表 4-8。

考核项目：以例题为考核实作课题。

表 4-8　综合曲线线路中线桩详细测设评分表

测 试 内 容	分值	操作要求及评分标准	扣分	得分	考 核 记 录
仪器工具使用规范	10 分	仪器、工具操作符合使用规则，违反处酌情扣分			
数据资料准确齐全	20 分	测设所需数据计算按曲线规范准确无误，图示字母符号清晰整齐，不符合处酌情扣分			
测设方法正确	30 分	测设步骤、操作方法符合曲线测设规则，顺序正确熟练，不当处扣分			
检核结果	20 分	检核测设结果符合限差要求：角度 ±30″，距离 ±10 mm，错误每处扣 5 分			
文明操作遵守纪律	10 分	操作过程中遵守纪律文明礼貌，无野蛮现象，同学协作默契，无安全事故			
时间 45 分钟	10 分	操作要求井然有序，忙而不乱，遵守时间，超时扣 10 分			
合计					

六、练习题

1. 何谓定向？如何实现定向？

2. 何谓正拨曲线和反拨曲线？

3. 简述正拨和反拨曲线时，置镜圆曲线任意点可以后视 HY(YH)，测设后续诸点的一般规律。

4. 何谓后视偏角 δ_B 和前视偏角 δ_F？简述其计算的基本原理。

5. 设在一线路处，里程 0+224 处的转角 $\alpha = 29°29'00''$，圆曲线半径 $R = 500\,m$，缓和曲线长 $l_0 = 30\,m$，用偏角法计算测设时所需的数据，并说明测设方法。

项目六 直角坐标法（切线支距法）测设曲线

一、目的要求

理解和掌握直角坐标法测设曲线计算和测设的方法。

二、准备工作

1. 仪器工具：经纬仪、钢尺、测钎、记录夹、木桩、小钉、计算器、测伞。

2. 人员组成：每 3 人一组，其中 1 人观测记录，另 2 人量距，轮换操作。

三、要点及流程

1. 实习任务

（1）根据场地情况选择适当的半径和转向角。

（2）计算主点要素及各加桩的坐标、编写曲线各中线点里程：

缓和曲线部分 $\qquad x_a = l_a - \dfrac{1}{40R^2 l_0^2} l_a^5 \qquad y_a = \dfrac{1}{6Rl_0} l_a^3$

圆曲线部分 $\qquad x_b = R\sin\alpha_b + m \qquad y_b = R(1 - \cos\alpha_b) + P$

$$\alpha_b = \frac{l_a - l_0}{R} + \beta_0$$

直角坐标法（切线支距法）测设如图 4-6 所示曲线。

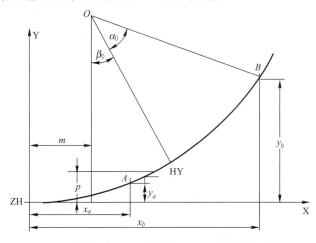

图 4-6 直角坐标法（切线支距法）测设曲线示意图

2. 测设方法

（1）置镜于直缓点后视交点方向定向 X 轴。

（2）沿切线方向分别丈量各中线桩的 x 值，得到和中线桩在切线上的垂足，用临时标志予以标定。

（3）在各垂足处向曲线内侧依次置镜，依次做出切线的垂线，并沿该垂线方向分别丈量相应中线桩的 y 值。

（4）同理，可置镜缓直点，用同样的方法将对称的另一半缓和曲线测放出中线桩。

四、注意事项

1. 当支距较大时，测设曲线中桩的点位误差较大，为了减小支距 y 的长度，以提高中线桩点位的测设精度，通常可在曲中点设置一辅助切线，将曲线分成四段分别测设。

2. 采用直角坐标法详细测设曲线时，首先应建立合理坐标系：以 ZH（或 HZ）为坐标原点；以过坐标原点指向 JD 的方向为 X 轴正向；以过坐标原点、垂直于 X 轴、指向曲线内侧的方向为 Y 轴正向。

五、评分标准

考核标准：直角坐标法详细测设曲考核评分标准见表 4-9。

考核项目：已知某线路曲线选配圆曲线半径 $R=1000\,\mathrm{m}$，缓和曲线长 $l_0=70\,\mathrm{m}$，实测转向角（右角）$\alpha=12°38'46''$，中线测量交点里程为 JD：DK23+734.285，置镜 ZH、QZ、HZ 测设该曲线，完成有关计算。

表 4-9　直角坐标法详细测设曲考核评分表

测 试 内 容	分值	操作要求及评分标准	扣分	得分	考 核 记 录
仪器工具使用规范	10 分	仪器、工具操作符合使用规则，违反处酌情扣分			
数据资料准确齐全	20 分	测设所需数据计算按曲线规范准确无误，图示字母符号清晰整齐，不符合处酌情扣分			
测设方法正确	30 分	测设步骤、操作方法符合曲线测设规则，顺序正确熟练，不当处扣分			
检核结果	20 分	检核测设结果符合限差要求：角度 $\pm30''$，距离 $\pm10\,\mathrm{mm}$，错误每处扣 5 分			
文明操作遵守纪律	10 分	操作过程中遵守纪律文明礼貌，无野蛮现象，同学协作默契，无安全事故			
时间 45 分钟	10 分	操作要求井然有序，忙而不乱，遵守时间，超时扣 10 分			
合计					

六、练习题

1. 简述直角坐标法中桩坐标计算和测设方法。

2. 应用直角坐标法测设一综合曲线，已知 $\alpha_左=8°22'00''$，$R=1000\,\mathrm{m}$，缓和曲线长 $l_0=40\,\mathrm{m}$，交点里程为 126+248.06，请编制曲线上各点里程及直角坐标表。

项目七　长弦偏角法测设曲线

一、目的要求

1. 掌握长弦偏角在置镜点坐标计算的方法。

2. 能够熟练使用全站仪用长弦偏角的方法将曲线上的所有中线点准确测放出来。

二、准备工作

1. 仪器工具：全站仪、棱镜、测杆、记录夹、计算器、木桩、小钉、测钎、测伞。

2. 人员组成：每 3 人一组，其中 1 人观测，1 人架设棱镜，1 人辅助工作，轮换操作。

三、要点及流程

1. 实习任务

（1）根据场地实际情况选择适当的半径和转向角。

（2）按线路前进方向编算曲线主点及详细点里程、各中线点的坐标计算，资料完备。

① 计算点位于始端缓和曲线上

$$x_A = l_A - \frac{1}{40R^2 l_0^2}l_A^5$$

$$y_A = \frac{1}{6Rl_0}l_A^3$$

式中：l_A——计算点 A 到 ZH 点（置镜点）的曲线长。

② 计算点位于圆曲线上

$$x_B = R\sin\alpha_B + m$$
$$y_B = R(1-\cos\alpha_B) + P$$
$$\alpha_B = \frac{(l_B - l_0)}{R} + \beta_0$$

式中：l_B——计算点 B 点到 ZH 点（置镜点）的曲线长。

③ 计算点位于末端缓和曲线上

$$x_C'' = l_C - \frac{1}{40R^2 l_0^2}l_C^5 \qquad y_C'' = \frac{1}{6Rl_0}l_C^3$$

$$x_C = x_{HZ} - x_C''\cos\alpha - y_C''\sin\alpha$$
$$y_C = y_{HZ} - x_C''\sin\alpha + y_C''\cos\alpha$$
$$x_{HZ} = T(1+\cos\alpha) \qquad y_{HZ} = T\sin\alpha$$

④ 偏角和弦长计算

$$\tan\delta_i = \frac{y_i}{x_i} \qquad \delta_i = \frac{y_i}{\sin\delta_i} = \frac{x_i}{\cos\delta_i}$$

长弦偏角法测设如图 4-7 所示曲线。

2. 测设方法

（1）安置全站仪于 ZH 点，以 $0°00'00''$ 为定向后视读数，后视 JD 点定向。

（2）由于是反拨曲线，所以 A、B、C 三点对应的水平读盘读数分别为 $360°-\delta_A$、$360°-\delta_B$、$360°-\delta_C$，以此可安置弦线向。

（3）分别于各点的弦线方向上，用全站仪测设对应弦长 S_A、S_B、S_C，可分别标定 A、B、C 三个中线桩。

（4）用同样的方法即可将曲线上所有点都测定出。

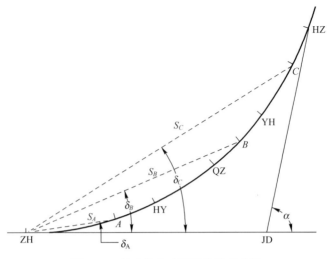

图 4-7　长弦偏角法测设曲线示意图

四、注意事项

1. 采用全站仪长弦偏角法详细测设曲线，测设弦长的精度较高，影响点位测设精度的主要因素是拨角误差。

2. 在地形条件许可时，置镜 QZ 点对方便测设和提高点位测设精度均为最有利，基本原理和测设方法相同，唯偏角和弦长的计算方法略有不同。

五、考核评分标准

考核标准：长弦偏角法详细测设曲线考核评分标准见表 4-10。

考核项目：已知某线路曲线选配圆曲线半径 $R = 1000\,\text{m}$，缓和曲线长 $l_0 = 70\,\text{m}$，实测转向角（右角）$\alpha = 12°38'46''$，中线测量交点里程为 JD：DK23+734.285，置镜 ZH、QZ、HZ 测设该曲线，完成有关计算。

表 4-10　长弦偏角法详细测设曲线考核评分表

测 试 内 容	分值	操作要求及评分标准	扣分	得分	考 核 记 录
仪器工具使用规范	10 分	仪器、工具操作符合使用规则，违反处酌情扣分			
数据资料准确齐全	20 分	测设所需数据计算按曲线规范准确无误，图示字母符号清晰整齐，不符合处酌情扣分			
测设方法正确	30 分	测设步骤、操作方法符合曲线测设规则，顺序正确熟练，不当处扣分			
检核结果	20 分	检核测设结果符合限差要求：角度±30″，距离±10 mm，错误每处扣 5 分			
文明操作遵守纪律	10 分	操作过程中遵守纪律文明礼貌，无野蛮现象，同学协作默契，无安全事故			
时间 45 分钟	10 分	操作要求井然有序，忙而不乱，遵守时间，超时扣 10 分			
合计					

六、练习题

1. 简述长弦偏角法中桩坐标计算、偏角和弦长计算及测设方法。

2. 某铁路曲线设计选配的圆曲线半径 $R=500\mathrm{m}$，缓和曲线长 $l_0=60\mathrm{m}$，实测转向角 $\alpha_y=28°36'20''$，已知 JD 的里程为 DK33+582.23，试计算置镜 QZ 用长弦偏角测设该曲线时的放样元素。

项目八　极坐标法测设曲线

一、目的要求

1. 掌握极坐标法测设曲线各中线点计算方法。

2. 能够使用全站仪置镜曲线内侧或外侧任意一点将曲线主点和详细点全部测设完成。

二、准备工作

1. 仪器工具：全站仪、棱镜、测杆、记录夹、计算器、木桩、小钉、测钎、测伞。

2. 人员组成：每3人一组，其中1人观测，1人架设棱镜，1人辅助工作，轮换操作。

三、要点及流程

1. 实习任务

（1）根据场地实际情况选择适当的半径和转向角。

（2）按线路前进方向编算曲线主点及详细点里程、各中线点的坐标计算，数据资料完备。

测站点 CZ 坐标　　　　$x_{CZ}=S_0\cos\alpha_0$　　$y_{CZ}=S_0\sin\alpha_0$

直缓点 ZH 坐标　　　　$x_{ZH}=DK_{ZH}-DK_{ZD}$　　$y_{ZH}=0$

计算点位于始端缓和曲线上　　$x_A=x_{ZH}+x'_A$　　$y_A=y'_A$

计算点位于圆曲线上

$$x_B=x_{ZH}+R\sin\alpha_B+m$$
$$y_B=R(1-\cos\alpha_B)+p$$
$$\alpha_B=(l_B-l_0)/R+\beta_0$$
$$l_B=DK_B-DK_{ZH}$$

计算点位于末端缓和曲线上

$$x_C=x_{HZ}-x''_C\cos\alpha-y''_C\sin\alpha$$
$$y_C=y_{HZ}-x''_C\sin\alpha+y''_C\cos\alpha$$
$$x_{HZ}=x_{ZH}+T(1+\cos\alpha)\qquad y_{HZ}=T\sin\alpha$$

极坐标法测设如图4-8所示曲线。

2. 测设步骤

（1）安置全站仪于 CZ 点，以 $0°00'00''$ 为定向后视读数，后视 ZD 点定向。

（2）由于是反拨曲线，所以 A、B、C 三点对应的水平读盘读数分别为 $360°-\theta_A$、$360°-\theta_B$、$360°-\theta_C$，以此可安置弦线方向。

（3）分别于各点的弦线方向上，用全站仪测设对应弦长 S_A、S_B、S_C，可分别标定 A、B、C 三个中线桩。

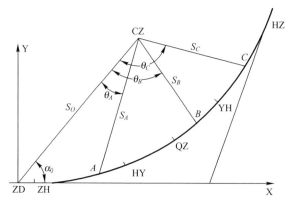

图 4-8　极坐标法测设曲线示意图

（4）用同样的方法即可将曲线上所有点都测定出。

四、注意事项

1. 选定测站点 CZ 时，测站点与始切线上的转点（坐标原点）通视良好，而且当置镜于测站点时，最好能将曲线上的全部中线桩测设出来。

2. 坐标系的选定，曲线已有两个坐标系，其一为始端缓和曲线坐标系，其二为末端缓和曲线坐标系，为方便计算应选定以 ZD 点为坐标原点的统一坐标系。

3. 主要元素的编算注意坐标反算和方位角的计算。

五、考核评分标准

考核标准：极坐标法测设曲线考核评分标准见表 4-11。

考核项目：已知某线路曲线选配圆曲线半径 $R = 1000\ m$，缓和曲线长 $l_0 = 70\ m$，实测转向角（右角）$\alpha = 12°38'46''$，中线测量交点里程为 JD：DK23+734.285，置镜 ZH、QZ、HZ 测设该曲线，完成有关计算。

表 4-11　极坐标法测设曲线考核评分表

测试内容	分值	操作要求及评分标准	扣分	得分	考核记录
仪器工具使用规范	10 分	仪器、工具操作符合使用规则，违反处酌情扣分			
数据资料准确齐全	20 分	测设所需数据计算按曲线规范准确无误，图示字母符号清晰整齐，不符合处酌情扣分			
测设方法正确	30 分	测设步骤、操作方法符合曲线测设规则，顺序正确熟练，不当处扣分			
检核结果	20 分	检核测设结果符合限差要求：角度 $±30''$，距离 $±10\ mm$，错误每处扣 5 分			
文明操作遵守纪律	10 分	操作过程中遵守纪律文明礼貌，无野蛮现象，同学协作默契，无安全事故			
时间 45 分钟	10 分	操作要求井然有序，忙而不乱，遵守时间，超时扣 10 分			
合计					

六、练习题

1. 简述极坐标法中桩坐标计算、放样元素编算及测设方法。

2. 某铁路曲线设计选配的圆曲线半径 $R = 500\,m$，缓和曲线长 $l_0 = 60\,m$，实测转向角 $\alpha_y = 28°36'20''$，已知 JD 的里程为 DK33+582.23，始切线上 ZD_{7-3} 的里程为 DK33+404.680，用极坐标法测设该曲线，选定的 CZ 点位于曲线内侧。置镜于 ZD_{7-3}，观测 CZ 的 $\alpha_0 = 20°30'16''$，$S_0 = 86.435\,m$，试计算置镜于 CZ，以 $0°00'00''$ 后视 ZD_{7-3} 测设该曲线各中桩的放样元素。

项目九　线路纵、横断面水准测量

一、目的要求

1. 掌握纵、横断面水准测量的方法。

2. 根据测量成果绘制纵、横断面图。

二、准备工作

1. 仪器工具：DS_3 水准仪、水准尺、尺垫、钢卷尺、木桩、爷头、记录夹、方向架、测伞。

2. 人员组成：每 5 人一组，轮换操作。

三、要点及流程

（1）纵断面水准测量。

① 选一条长约 300 m 的路线，沿线有一定的坡度。

② 选定起点，桩号为 K0+000，用钢卷尺量距，每 20 m 钉一里程桩，并在坡度变化处钉加桩。

③ 根据附近已知水准点将高程引测至 K0+000。

④ 仪器安置在适当位置，后视 0+000，前视转点 TP1（读至毫米），然后依次中间视（读至厘米），记入手簿。

⑤ 仪器搬站，后视 TP1，前视 TP2，中间视。同法远站施测，直至线路终点，并附合到另一水准点（见图 4-9）。

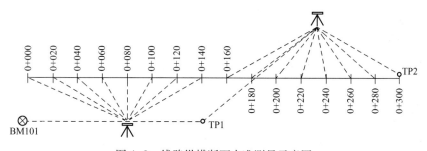

图 4-9　线路纵横断面水准测量示意图

（2）横断面水准测量。

在里程桩上，用方向架确定线路的垂直方向。在垂直方向上，用钢尺量取从里程桩到左、右两侧 20 m 内各坡度变化点的距离（读至分米），用水准仪测定其高程（读至厘米）（见图 4-10）。

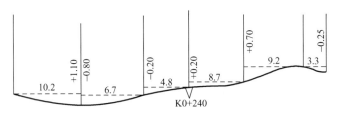

图 4-10   线路横横断面水准测量示意图

（3）绘制纵、横断面图。纵断面图的水平距离比尺为 1∶2000，高程为 1∶2000；横断面图的水平距离和高程比例均为 1∶200。

（4）道路桩位高程测量记录与坡度测设计算表见表 4-12。

表 4-12   道路桩位高程测量记录与坡度测设计算表

观测_____   记录_____   检查_____   日期_____   天气_____

已知 $H_{BM_A} =$ _____ m

测 站	点号	第一次观测				第二次观测				平均高程 H_i (m)
		后读 (m)	视线高 (m)	前读 (m)	高程 (m)	后读 (m)	视线高 (m)	前读 (m)	高程 (m)	

四、注意事项

1. 中间视因无检核，读数与计算要认真细致。

2. 断面水准测量与绘图，应分清左、右。

3. 线路附合高差闭合差不应大于 $50\sqrt{L}$（mm）（L 以 km 为单位），在容许范围内时不必进行调整，否则应重测。

五、考核评分标准

考核标准：纵横断面测量考核评分标准见表 4-13。

考核项目：选一线路长约 200 m，沿线有一定坡度，完成该坡段纵横断面的测量与绘制。

表 4-13　纵横断面测量考核评分表

测试内容	分值	操作要求及评分标准	扣分	得分	考核记录
工作态度	5分	仪器、工具轻拿轻放，安置及使用仪器正确、熟练			
基平测量	5分	水准点的选择与埋设规范、合理			
	15分	基平测量方法正确，过程规范			
	10分	精度符合规范要求			
中平测量	5分	中桩点的选择合理			
	20分	中平测量方法正确，过程规范			
	10分	精度符合规范要求			
断面图的绘制	20分	方法正确，图面整洁、合理			
综合印象	10分	动作规范、熟练，文明操作			
合计					

六、练习题

1. 线路纵横断面测量的任务是什么？包括哪些内容？它与一般水准测量相比较有何异同点？

2. 线路中心线的纵横断面图是怎样绘制的？它所采用的高程比例尺为什么与水平比例尺不同？纵断面图上有哪些要素？

模块五

施工测量

项目一 已知水平距离测设

一、目的要求

1. 练习水平距离测设方法。
2. 掌握钢尺在测设工作中的操作步骤。
3. 掌握钢尺精密量距的方法和成果计算。

二、准备工作

1. 场地选择：选择约 50 m 的较为平坦地面作为小组实习场地。
2. 仪器工具：DJ_2 经纬仪、钢尺、测钎、记录板、铁锤、若干木桩。
3. 人员组织：每 4 人一组，轮换操作。

三、要点及流程

1. 一般方法测设

当测设精度要求不高、两点距离不大时，从已知点开始，沿给定的方向，用钢尺直接丈量出已知水平距离，定出这段距离的另一端点，如图 5-1 所示。

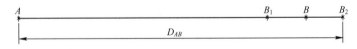

图 5-1 一般方法测设水平距离示意图

（1）将经纬仪安置在 A 点上，在 B 点设立照准标志。正镜照准 B 点，照准部不动，指挥一作业人员在 AB 视线方向量取整尺段，直至到 B （及 B_1 点），采用同样的方法接着从 A 点向 B 点量取距离，第二次为 B_2 点，取两平均距离可算出两点间的平距，标定 B 点位置。

（2）计算方法。

$$D_{AB} = (D_{AB_1} + D_{AB_2})/2$$

（3）精度要求。

为了校核，应再丈量一次，若两次丈量的相对误差在 1/3000 ～ 1/5000 内，取平均位置作为该端点的最后位置。

2. 精确测设

当测设精度要求较高时，应使用检定过的钢尺，用经纬仪定线，根据已知水平距离 D，经过尺长改正、温度改正和倾斜改正后，并计算出实地测设长度 L。然后根据计算结果，用钢尺进行测设。

$$L = D - \Delta l_d - \Delta l_t - \Delta l_h$$

式中　L——实地测设长度；

　　　D——已知水平距离；

　　　Δl_d——尺长改正；

　　　Δl_t——温度改正；

　　　Δl_h——倾斜改正。

【例】从 A 点沿 AC 方向测设 B 点，如图 5-2 所示。使水平距离 $D = 25.000$ m，所用钢尺的尺长方程式 $l_t = 30$ m $+ 0.003$ m $+ 1.25 \times 10^{-5} \times 30$ m $\times (t - 20℃)$，测设时温度为 $t = 30℃$，测设时拉力与检定钢尺时拉力相同。

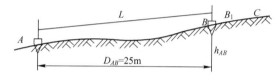

图 5-2　精确方法测设水平距离示意图

（1）测设之前通过概量定出终点，并测得两点之间的高差。

（2）计算 L。

$$\Delta l_d = \frac{\Delta l}{l_0} D = \frac{0.003\,m}{30\,m} \times 25\,m = +0.002\,m$$

$$\Delta l_t = a(t - t_0) D = 1.25 \times 10^{-5} \times (30℃ - 20℃) \times 25\,m = 0.003\,m$$

$$\Delta h = -\frac{h^2}{2D} = -\frac{(+1.000\,m)^2}{2 \times 25\,m} = -0.020\,m$$

$$L = D - \Delta l_d - \Delta l_t - \Delta l_h = 25.000\,m - 0.002\,m - 0.003\,m - (-0.020\,m) = 25.015\,m$$

（3）在地面上从 A 点沿 AC 方向用钢尺实量 25.015 m 定出 B 点，则 AB 两点间的水平距离正好是已知值 25.000 m。

四、注意事项

1. 量距时，钢尺要拉直、拉平、拉稳，前尺手不得握住钢尺盒拉紧钢尺。

2. 当精度要求更高时，应使用相应等级的光电测距仪或全站仪进行测设。此时，应使用仪器的"跟踪测量"功能，在线段终点前后钉设临时桩。架设反光镜后测量其长度，再与给定的水平距离比较进行改动，标定终点。

五、考核评分标准

考核标准：已知水平距离放样评分标准见表 5-1。

考核项目：已知水平距离进行放样。在实习场地选定一段距离，确定已知点 A 和视线方

向 C，通过概量定出 B' 点，使 $D_{AB'}=34.200\,\text{m}$。所用钢尺的尺长方程式为 $l_t=30+0.007+1.25\times10^{-5}\times30\times(t-20℃)$，作业时温度为 $t=11℃$，测设时拉力与检定钢尺时拉力相同，AB' 两点的高差 $h=-0.96\,\text{m}$。

试：（1）计算出实地测设长度 L；

（2）在地面上从 A 点沿 AC 方向用钢尺实量定出 B 点位置。

表 5-1　已知水平距离放样评分表

测试内容	分值	操作要求及评分标准	扣分	得分	考核记录
计算过程	20分	根据给定条件，对未知量计算准确、规范、齐全			
距离放样	30分	工具准备、仪器设备操作正确，定向准确，观测方法正确，记录完整			
测量精度	30分	放样精度满足限差要求，检核放样点满足限差要求			
文明作业	20分	测设过程配合默契，无喊叫现象。测量结束后对所使用工具摆放整齐，无安全事故			
合计					

六、练习题

1. 简述水平距离的定义及其测量方法。

2. 简述钢尺一般量距的作业方法和数据处理。

3. 简述钢尺精密量距的作业方法和数据处理。

4. 尺长方程式 $l_t=l+\Delta l+a(t+t_0)l$ 中各符号的意义。

5. 地面点 A、B 间的平距，采用普通钢尺平量法往返丈量，已知：$l=50\,\text{m}$，测得：$n=8$，$q_往=42.764\,\text{m}$，$q_返=42.643\,\text{m}$，若达到精度，试计算 $D_往$、$D_返$、ΔD、K、D_{AB}。

6. 采用与标准尺比长法鉴定 N0.9708 普通钢带尺。已知 N0.2 标准尺的尺长方程式为 $l_t=50\,\text{m}+4.8\,\text{mm}+1.2\times10^{-6}\times(t-t_0)\times50\,\text{m}$，$l=50\,\text{m}$，$t=+24.8℃$，检定尺末分划在标准尺上的读数为 $d=49.9824\,\text{m}$，试求算检定尺的尺长方程式。

项目二　测设已知水平角

一、目的要求

1. 熟悉经纬仪的使用。

2. 掌握水平角度的观测方法。

3. 掌握角度放样方法和归化法放样时改正量的计算。

二、准备工作

1. 仪器工具：DJ_2 经纬仪、记录板、钢尺、铁锤、木桩、若干小钉。

2. 人员分配：每 3 人一组，轮换操作。

三、要点及流程

已知水平角的测设，就是在给定水平角的顶点和一个方向的条件下，要求标定出水平角的另一边方向，使两方向的水平夹角等于已知水平角角值。

1. 一般测设方法（盘左、盘右分中法）

当测设水平角的精度要求不高时，可采用盘左、盘右分中的方法测设，如图 5-3 所示。

设地面已知方向 OA，O 为角顶，β 为已知水平角角值，OB 为待定的方向线。

（1）在 O 点安置经纬仪，盘左位置瞄准 A 点，使水平度盘读数为 $0°00'00''$。

（2）转动照准部，使水平度盘读数恰好为 β 值，在此视线上定出 B_1 点。

（3）盘右位置，重复上述步骤，再测设一次，定出 B_2 点。

（4）取 B_1 和 B_2 的中点 B，则 $\angle AOB$ 就是要测设的 β 角。

2. 精确测设方法（归化法角度放样）

设地面已知方向 OA，O 为角顶，β 为已知水平角角值，OB 为待定的方向线，如图 5-4 所示。

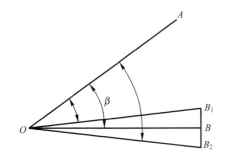

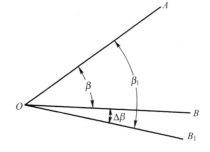

图 5-3　一般方法测设已知水平角示意图　　　图 5-4　精确方法测设已知水平角示意图

（1）先用一般方法测设出 B_1 点。

（2）用测回法对 $\angle AOB_1$ 观测若干个测回，求出各测回平均值 β_1，并计算出 $\Delta\beta = \beta - \beta_1$。

（3）量取 OB_1 的水平距离。

（4）计算改正距离 $$BB_1 = OB\tan\Delta\beta \approx OB_1\frac{\Delta\beta}{\rho}$$

（5）自 B_1 点沿 OB_1 的垂直方向量出距离 BB_1，定出 B 点，则 $\angle AOB$ 就是要测设的角度。

3. 简易方法

在施工现场，若测设精度要求较低，可以采用简易方法，即利用钢尺按勾股定理、等腰三角形等三角学原理测设已知水平角的方法。

四、注意事项

1. 采用归化法测设量取改正距离时，如 $\Delta\beta$ 为正，则沿 OB_1 的垂直方向向外量取；如 $\Delta\beta$ 为负，则沿 OB_1 的垂直方向向内量取。

2. 观测过程中，应注意观察管水准气泡，若发现气泡偏离超过一格时，应重新整平后放样。

五、考核评分标准

考核标准：已知水平角测设评分标准见表 5-2。

考核项目：用归化法测设一已知水平角。已知一水平角 90° 的一条边 OA 在地面上的位置，在地面上用木桩标出，测设另一边上的点，试：（1）采用盘左测设已知角度；（2）对已定夹角测两个测回，求夹角误差；（3）量距离求改正量，在地面上测设改正后的夹角。

表 5-2　已知水平角测设评分表

测试内容	分值	操作要求及评分标准	扣　　分	得　　分	考核记录
基本操作	20 分	对中、整平方法正确，角度观测正确			
放样过程	40 分	仪器操作正确，操作方法熟练，放样方法正确，改正值计算正确，测设过程无违规操作			
精度要求	30 分	放样精度满足限差要求，检核放样点满足限差要求			
文明作业	10 分	测设过程配合默契，无喊叫现象。测量结束后对所使用工具摆放整齐，无安全事故			
时　　限		整个操作时间在 15 min 范围内操作完成，超时 5 min 停止操作，不计成绩			
合计					

六、练习题

1. 简述水平角、测回法概念。
2. 简述水平角观测原理。
3. 用 DJ_2 经纬仪如何进行已知角度的配置？
4. 简述角度采用一般测设方法与精确测设方法的区别。
5. 简述采用精确测设已知水平角，对其改动量方向如何确定。

项目三　已知高程的测设

一、目的要求

1. 练习高程的测设方法。
2. 掌握水准仪在测设工作中的操作步骤。

二、准备工作

1. 场地选择：选择合适的地面作为小组实习的场地，每组布置一个临时水准点作高程测设用。
2. 仪器工具：水准仪、水准尺、尺垫、记录板。
3. 人员组织：每 3 人一组，轮换操作。

三、要点及流程

已知高程的测设，是利用水准测量的方法，根据已知水准点，将设计高程测设到现场作业面。

1. 水准测量法高程放样

某建筑物的室内地坪设计高程为 45.000 m，附近有一水准点 BM_3，其高程为 $H_3 = 44.680\ m$。现要求把该建筑物的室内地坪高程测设到木桩 A 上，作为施工时控制高程的依据，如图 5-5 所示。

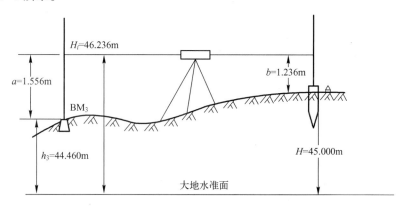

图 5-5　水准测量法高程放样示意图

（1）在水准点 BM_3 和木桩 A 之间安置水准仪，在 BM_3 立水准尺上，用水准仪的水平视线测得后视读数为 1.556 m，此时视线高程为 44.680 m+1.556 m＝46.236 m。

（2）计算 A 点水准尺尺底为室内地坪高程时的前视读数

$$b = 46.236\ m - 45.000\ m = 1.236\ m$$

（3）上下移动竖立在木桩 A 侧面的水准尺，直至水准仪的水平视线在尺上截取的读数为 1.236 m 时，紧靠尺底在木桩上画一水平线，其高程即为 45.000 m。

2. 水准测量法大高差放样（高程传递）

当向较深的基坑或较高的建筑物上测设已知高程点时，如水准尺长度不够，可利用钢尺向下或向上引测。

欲在深基坑内设置一点 B，使其高程为 H。地面附近有一水准点 R，其高程为 H_R，如图 5-6 所示。

（1）在基坑一边架设吊杆，杆上吊一根零点向下的钢尺，尺的下端挂上 10 kg 的重锤，放入油桶中。

（2）在地面安置一台水准仪，设水准仪在 R 点所立水准尺上读数为 a_1，在钢尺上读数为 b_1。

（3）移动水准仪于坑底出，设水准仪在钢尺上读数为 a_2。

（4）计算 B 点水准尺底高程为 H_B 时，B 点处水准尺的读数应为：

$$b_2 = (H_A + a_1) - (b_1 - a_2) - H_B$$

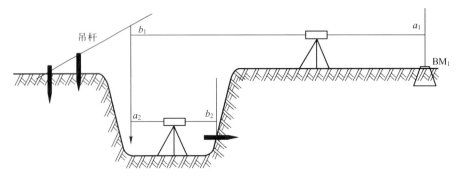

图 5-6　大高差放样高程示意图

四、注意事项

1. 三脚架要安置稳妥，高度适当，架头接近水平，伸缩腿螺旋要旋紧。
2. 测设数据经校核无误后才能使用，测设完毕后还应进行检测。
3. 在测设点的高程时，检测值与设计值之差≤8 mm，超限应重新测量。
4. 每组测设两个点的高程，高程测设高程限差小于 5 mm。

五、考核评分标准

考核标准：已知高程点测设评分标准见表 5-3。

考核项目：测设一已知高程的点。已知地面上一点 A 的高程为 24.867 m（在地面上用木桩标出），在 B 点测设一已知高程，B 点的高程为 26.754 m，AB 两点距离约为 30 m，测设已知点高程。

表 5-3　已知高程点测设评分表

测试内容	分值	操作要求及评分标准	扣分	得分	考核记录
基本操作	15 分	安置、整平仪器方法正确，操作过程无违规现象			
计算过程	20 分	根据给定数据，对前视点读书计算正确			
放样过程	30 分	放样方法熟练，操作方法正确			
精度要求	25 分	放样精度满足限差要求，检核放样点满足限差要求			
文明作业	10 分	测设过程配合默契，无喊叫现象。测量结束后对所使用工具摆放整齐，无安全事故			
时　限		整个操作时间在 8 min 范围内操作完成，超时 2 min 停止操作，不计成绩			
合计					

六、练习题

1. 在地面上测设已知点高程如何计算前视点读数。

2. 在地面上测设已知点高程过程中，若计算出前视点读数为负值，则说明地面两点之间存在怎么样的关系？如何进行测设？

3. 叙述采用大高差放样的方法，在放样过程中应注意哪些问题？

4. 建筑场地上水准点 A 的高程为 89.754 m，欲在待建房近旁的电杆上测设出±0（±0 的设计高程为 90.000 m），作为施工过程中检测各项标高之用。设水准仪在水准点 A 所立水准尺上的读书为 1.847 m，试绘图说明测设方法。

项目四　已知坡度直线的测设

一、目的要求

练习坡度线测设的方法，为管道、道路及广场的坡度测设打下基础。

二、准备工作

1. 场地选择：选择具有一定坡度，长约 50 m 的地段，供各个组做实习用。
2. 仪器工具：经纬仪、水准尺、皮尺、木桩、斧头、记录板。
3. 人员组织：每 5 人一组，轮换操作。

三、要点及流程

已知坡度线的测设是根据设计坡度和坡度端点的设计高程，采用经纬仪（全站仪）测设的方法将坡度线上各点的设计高程标定在地面上。

1. 水平视线法

如图 5-7 所示，已知水准点 BM_5 的高程为 $H_5 = 10.283$ m，设计坡度线两端点 A、B 的设计高程分别为 $H_A = 9.800$ m，$H_B = 8.840$ m，AB 两点间平距 $D = 80$ m，AB 设计坡度为 $i_{AB} = -1.2\%$，为方便施工，要在 AB 方向上每间隔 20 m 定一木桩，试在各木桩上标定出坡度线。

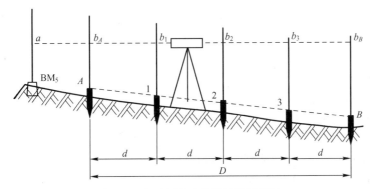

图 5-7　水平视线法放样坡线示意图

（1）沿 AB 方向，用钢尺定出间距为 $d = 20$ m 的中间点 1、2、3 的位置，并打下木桩。
（2）计算各桩点的设计高程：

第 1 点的设计高程　　$H_1 = H_A + i_{AB} \times d = 9.560$ m
第 2 点的设计高程　　$H_2 = H_1 + i_{AB} \times d = 9.320$ m
第 3 点的设计高程　　$H_3 = H_2 + i_{AB} \times d = 9.080$ m
B 点的设计高程　　　$H_B = H_3 + i_{AB} \times d = 8.840$ m
或　　　　　　　　　　$H_B = H_A + i_{AB} \times D = 8.840$ m（检核）

注意：坡度 i 有正有负，计算设计高程时，坡度应连同其符号一并运算。

（3）安置经纬仪于水准点 BM_5 附近，照准后视点 BM_5，读取后视读数 $a=0.855\,m$，则可计算仪器视线高程：

$$H_i = H_5 + a = 11.138\,m$$

（4）根据各点设计高程计算测设各点的应读前视尺读数：

$$B_j = H_i - H_j$$

依次计算得：$b_A = 1.338\,m$，$b_1 = 1.578\,m$，$b_2 = 1.818\,m$，$b_3 = 2.058\,m$，$b_B = 2.298\,m$。

（5）水准尺分别贴靠在各木桩的侧面，上、下移动水准尺，直至尺读数为 b_j 时，便可沿水准尺底面画一横线，各木桩上横线连线即为 AB 设计坡度线。

2. 倾斜视线法

如图 5-8 所示，A、B 为坡度线的两端点，其水平距离为 D。

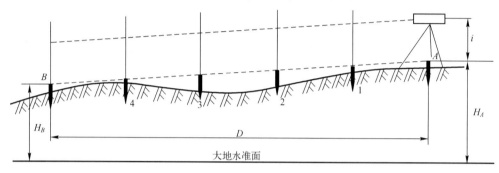

图 5-8　倾斜视线法放样坡线示意图

设 A 点的高程为 H_A，要沿 AB 方向测设一条坡度为 i_{AB} 的坡度线。

（1）根据 A 点的高程、坡度 i_{AB} 和 A、B 两点间的水平距离 D，计算出 B 点的设计高程。

$$H_B = H_A + i_{AB}D$$

（2）按测设已知高程的方法，在 B 点处将设计高程 H_B 测设于 B 桩顶上，此时，AB 直线即构成坡度为 i_{AB} 的坡度线。

（3）将经纬仪安置在 A 点上，量取仪器高度 i，用望远镜瞄准 B 点的水准尺，使十字丝中丝对准 B 点水准尺上等于仪器高 i 的读数，此时，仪器的视线与设计坡度线平行。

（4）在 AB 方向线上测设中间点，分别在 1、2、3…处打下木桩，使各木桩上水准尺的读数均为仪器高 i，这样各桩顶的连线就是欲测设的坡度线。

注意：如果设计坡度较小，则可用水准仪进行测设，其测设方法相同。

3. 坡度测设计算表（见表 5-4）

表 5-4　坡度测设计算表

起始桩设计高程 $H_0 =$ 　　 m，设计坡度 $i =$ 　　 %，桩位间隔 $d =$ 　　 m

桩号 j	0	1	2	3	4	5	6
桩顶实地高程（m）							
设计高程（m）							
填高（m）							
挖深（m）							
距离（m）							

各桩位设计高程 H_i 计算式： $$H_i = H_0 + j \times d \times i$$

四、注意事项

1. 若设计坡度较大，测设时超出水准仪脚螺旋所能调节得范围，则可用经纬仪进行测设。

2. 仪器的高度应从仪器下部的桩顶量至仪器顶端。

3. 每组测设坡度线一条。

4. 管道和渠道的高程计算到毫米，其测设限差 $\leqslant \pm 6\sqrt{n}$ mm；道路及广场的高程计算到厘米，其测设限差 $\leqslant \pm 12\sqrt{n}$ mm，n 为测站数。

五、考核评分标准

考核标准：测设已知坡度评分标准见表 5-5。

考核项目：测设一已知坡度。已知 A 点的高程为 45.487 m，AB 两点的距离为 25 m，沿 AB 两点之间测设 2% 一条坡度。试：（1）计算出 B 点的设计高程；（2）计算出每隔 5 m 点位的设计高程；（3）测设出 B 点及沿 B 点每 5 m 桩的设计位置。

表 5-5 测设已知坡度评分表

测试内容	分值	操作要求及评分标准	扣分	得分	考核记录
基本操作	10 分	安置、整平仪器方法正确，操作过程无违规现象			
计算过程	20 分	根据已知条件，对放样数据计算正确无误			
放样过程	30 分	放样方法熟练，操作方法正确			
精度要求	30 分	放样精度满足限差要求，检核放样点满足限差要求			
文明作业	10 分	测设过程配合默契，无喊叫现象。测量结束后对所使用工具摆放整齐，无安全事故			
时　　限		整个操作时间在 20 min 范围内操作完成，超时 5 min 停止操作，不计成绩			
合计					

六、练习题

1. 设 A 点的高程为 H_A，欲在 A、B 两点之间需放样一条设计坡度为 i 的坡度线，放样距离为 S，如何计算出放样点高程？

2. 采用经纬仪测设，如何进行坡度放样？

项目五　点的平面位置测设

一、目的要求

1. 练习计算点位的测设数据。

2. 掌握点位采用不同方法测设。

3. 实习结束时每人提交一份测设数据。

二、准备工作

1. 场地选择：选择 50 m×50 m 场地。

2. 仪器工具：经纬仪、测纤、钢尺、记录板、木桩、铁锤、小钉。

3. 人员组织：每 4 人一组，轮换操作。

三、要点及流程

1. 直角坐标法（见图 5-9）

（1）在 O 点安置仪器，给定 A 方向，由 O 点量 y 得 C 点。

（2）在 C 点置仪器，测 90°角量 x 定 M 点，从 M 点沿 CM 方向量取 M，确定 N 点。

（3）在 M 点置仪器，定 Q 点，在 N 点置仪器定 P 点。

此方法简单，实施方便，精度高，是应用较广泛的一种方法。该法适合：建筑物与坐标轴线平行或垂直且距离较近。

2. 极坐标法（见图 5-10）

已知 A、B 两点的坐标 $(X_A，Y_A)$、$(X_B，Y_B)$，设计点 P 的设计坐标为 $(X_P，Y_P)$，在实地测设 P 点。

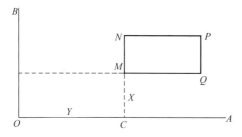

图 5-9　直角坐标法放样平面点位示意图

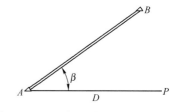

图 5-10　极坐标法放样平面点位示意图

（1）计算放样数据 β、D。

$$\beta = \alpha_{AP} - \alpha_{AB}$$

$$D = \sqrt{(X_P - X_A)^2 + (Y_P - Y_A)^2}$$

其中

$$\alpha_{AB} = \arctan \frac{Y_B - Y_A}{X_B - X_A} \qquad \alpha_{AP} = \arctan \frac{Y_P - Y_A}{X_P - X_A}$$

（2）测设步骤。

① 在 A 点安置经纬仪，以 B 点定向，测设角度 β 标定出 AP 方向。

② 以 A 点为起始点，从 A 点沿 AP 方向量取水平距离 D 即得 P 点。

（3）精度要求。

测量完成后，为了校核，安置仪器于 P 点，计算 $\angle APB$ 角度值，及 D_{PB} 的距离，现场进行检核，与其理论值进行比较，横向误差控制在 5 mm 范围内，纵向误差控制在 1/3000 ～ 1/5000 范围内。

3. 角度交会

已知 $A(X_A,Y_A)$、$B(X_B,Y_B)$ 坐标，$P(X_P,Y_P)$ 为设计点位，如图 5-11 所示。

（1）放样要素计算。

$$\beta_A = \alpha_{AB} - \alpha_{AP}$$

$$\beta_B = \alpha_{BP} - \alpha_{BA}$$

$$\beta_A = \alpha_{AB} - \alpha_{AP} = \arctan\frac{y_B-y_A}{x_B-x_A} - \arctan\frac{y_P-y_A}{x_P-x_A}$$

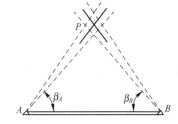

图 5-11　角度交会法放样平面点位示意图

$$\beta_B = \alpha_{BP} - \alpha_{BA} = \arctan\frac{y_P-y_B}{x_P-x_B} - \arctan\frac{y_A-y_B}{xA-x_B}$$

（2）放样步骤。

① 如图 5-11 所示，一台经纬仪安置于已知点 A，以 $0°00'00''$ 的平盘度数后视另一已知点 B，则 AP 方向线对应的平盘读数为 $360°-\beta_A$。

② 转动照准部使平盘读数为 $360°-\beta_A$，则待测点 P 为于视线方向上。

③ 另一台经纬仪安置于已知点 B，以 $0°00'00''$ 的平盘读数后视另一已知点 A，则 BP 方向线对应的平盘读数为 β_B。

④ 转动照准部，使水平盘读数为 β_B，则待定点 P 亦位于该视线方向上，根据两台仪器视线方向的交点即可标定待定点 P。

4. 距离交会

距离交会法是由两个控制点测设两段已知水平距离，交会定出点的平面位置。

距离交会法适用于待测设点至控制点的距离不超过一个尺段长，且地势平坦、量距方便的建筑施工场地。

已知 A、B 两点的坐标 (X_A,Y_A)、(X_B,Y_B)，设计点 P 的坐标为 (X_P,Y_P)、$S(X_S,Y_S)$、$R(X_R,Y_R)$、$Q(X_Q,Y_Q)$，采用距离交会现场实际测设 P、S、R、Q 四点的位置，如图 5-12 所示。

（1）计算测设数据。

P 点测设数据计算：

$$D_{AP} = \sqrt{(X_P-X_A)^2+(Y_P-Y_A)^2}$$

$$D_{BP} = \sqrt{(X_P-X_B)^2+(Y_P-Y_B)^2}$$

S 点测设数据计算：

$$D_{AS} = \sqrt{(X_S-X_A)^2+(Y_S-Y_A)^2}$$

$$D_{BS} = \sqrt{(X_S-X_B)^2+(Y_S-Y_B)^2}$$

其他点位的的计算方法与上面两点计算方法相同。

（2）点位测设方法。

① 如图 5-13 所示，首先测设 P 点位置，以 A 点为原点，以计算长度 D_{AP} 在地面上画圆弧。

② 以 B 点为原点，以计算长度 D_{BP} 在地面上画圆弧，两圆弧所交点位为 P 点位置。

③ 确定 P 点位置后，精确测设出 P 点，分别在 A、P 两点精确测量取 D_{AP}、D_{BP}，在地面上标定出 P 点的位置。

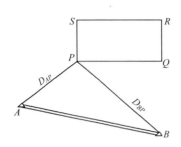
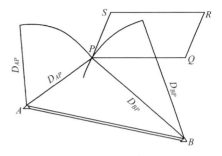

图 5-12　距离交会法放样平面点位示意图（1）　图 5-13　角度交会法放样平面点位示意图（2）

其他点位的测设方法与 P 点的测设相同。

（3）计算检核数据。

$$D_{PQ} = \sqrt{(X_Q - X_P)^2 + (Y_Q - Y_P)^2}$$

$$D_{PS} = \sqrt{(X_s - X_p)^2 + (Y_s - Y_p)^2}$$

$$\angle SPQ = a_{PS} - a_{PQ} = \arctan \frac{y_s - y_p}{x_s - x_p} - \arctan \frac{y_q - y_p}{x_q - x_p}$$

注意：其他点之间的检核资料计算同上面计算相同。

（4）检核：为了校核，将仪器安置于 P 点，量取 $P \sim S$、$P \sim Q$ 之间的水平距离，测量 $\angle SPQ$，与理论值进行比较，其纵向误差在 1/3000 范围内，横向在 30″ 范围内。

四、注意事项

1. 测设数据经校核无误后才能使用，测设完毕后还应进行检测。

2. 在测设点的平面位置时，计算值与检测值比较，检测边长 D 的相对误差应 ≤1/2000，检测角的误差应 ≤60″。

五、考核评分标准

考核标准：点位放样评分标准见表 5-6。

考核项目：用极坐标法测设一已知点位。已知地面上控制点 A 的坐标为（0.000,0.000），在地面上用木桩标出，$a_{AB} = 90°$，待测点 P 的坐标为（3.300,4.800）。试：（1）测设出放样角度 ∠BAP；（2）测设 P 点点位，用钢尺沿 AP 方向量取 D_{AP} 测设出 P 点的点位。

表 5-6　点位放样评分表

测试内容	分值	操作要求及评分标准	扣分	得分	考核记录
基本操作	10 分	安置、整平仪器方法正确，操作过程无违规现象			
计算过程	20 分	根据已知条件，对放样数据计算正确无误			
放样过程	30 分	放样方法熟练，操作方法正确			
精度要求	30 分	放样精度满足限差要求，检核放样点满足限差要求			
文明作业	10 分	测设过程配合默契，无喊叫现象。测量结束后对所使用工具摆放整齐，无安全事故			
时　　限		整个操作时间在 15min 范围内操作完成，超时 3min 停止操作，不计成绩			
合计					

六、练习题

1. 画图说明用角度交会法测设点位的测设过程。

2. 叙述角度交会与距离交会对提高点位精度的互补性。

3. 放样方法的选择主要应考虑哪些因素?

4. 比较集中点位放样方法的特点及每种方法所实用的范围。

5. 举例说明归化法放样与直接法放样的差异。

6. 如图 5-14 所示,A、B 为已知平面控制点,P 点为设计点,以极坐标法测设 P 点,以 A 为测站点,B 为后视点,已知 A、B 的坐标分别为(1000.00,1000.00)、(1500.00,1100.00),P 点的设计坐标为(1400.00,1500.00)。试:(1)计算放样数据;(2)说明测设过程。

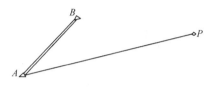

图 5-14 极坐标法放样点位

项目六 房屋基础的放样

一、目的要求

1. 掌握建筑物的定位与方法。

2. 掌握用建筑基线进行建筑物的角点桩,中点桩测设的方法。

二、准备工作

1. 仪器工具:DJ_2 经纬仪 1 台,测钎 1 组,钢尺 1 把,S_3 水准仪 1 台,水准尺 1 根,斧头 1 把,垂球 2 个,背包 1 个,小木桩,木板及钉子(大小两种)若干。

2. 自备:基础平面图 1 张,铅笔,小刀。

3. 人员组织:每四人一组,轮换操作。

三、要点及流程

如图 5-15 所示,选择 100 m×35 m 的一个开阔场地作为实验场地,先在地面上定出水平距离为 55.868 m 的两点,将其定义为城建局提供的已知导线点 A_5、A_6,其中 A_5 同时兼作水准点。

1. "T"形建筑基线的测设

(1)根据建筑基线 M、O、N、P 四点的设计坐标和导线点 A_5、A_6 坐标,用极坐标法进行测设,并打上木桩。已知各点在测量坐标系中的坐标如下:

A_5(2002.226,1006.781,20.27),A_6(2004.716,1062.593),M(1998.090,996.815),O(1996.275,1042.726),N(1994.410,1089.904),P(1973.085,1041.808)

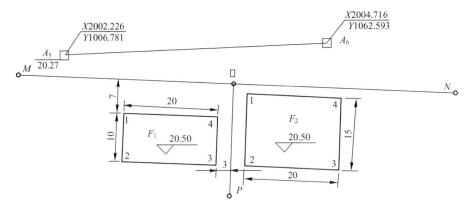

图 5-15 建筑物定位放样示意图

（2）测量水平角 ∠MON、水平距离 $MO(a)$、$ON(b)$，由公式 $\delta = \dfrac{ab}{2(a+b)}\dfrac{1}{\rho}(180°-\beta)$，计算出 δ 值，在木桩上进行改正。

（3）测量改正后的 ∠MON，要求其与 180° 之差 ≤±24″，再丈量 MO、ON 距离，使其与设计值之差的相对误差 ≤1/10000。

（4）在 O 点用正倒镜分中法，拨角 90°，并放样距离 OP，在木桩上定出 P 点的位置。

（5）测量 ∠POM，要求其与 90° 之差不得超过 ±24″，再丈量 OP 距离，与设计值之差的相对误差 ≤1/10000。

2. 根据建筑基线进行建筑物的定位

根据图中的待建建筑物 F_1 与建筑基线的关系，利用建筑基线，用直角坐标法放样出 F_1 的 1#、2#、3#、4# 四个角桩。

检查 1 ～ 2 个角桩的水平角与 90 度的差是否小于 ±30″，距离与设计值之差的相对误差 ≤1/3000。

以 A_5 高程（20.47 m）为起算数据，用全站仪测出 F_1 的 1#、2#、3#、4# 四个角桩的填挖深度。（F_1 的地坪高程为 20.50 m）。

3. 根据导线进行建筑物的定位

假设图 5-15 中 NOP 构成的是建筑施工坐标系 AOB，并设待建建筑物 F_2 在以 O 点原点的建筑施工坐标系 AOB 中的坐标分别为 1 号（3,2）、2 号（3,17）、3 号（23,17）、4 号（23,2），且已知建筑坐标系原点 O 在城市坐标系中的坐标为 O（1996.275,1042.726），OA 轴的坐标方位角为 92°15′49″，试计算出 1 号、2 号、3 号、4 号点在城市坐标系中的坐标，并在 A_6 测站，后视 A_5，用极坐标法放样出 F_2 的 1 号、2 号、3 号、4 号四个角桩。

4. 矩形建筑物角点测设数据计算表（见表 5-7）

计算式

$$\alpha_{i\sim j} = \arctan\frac{Y_j - Y_i}{X_j - X_i}$$

$$\beta_{A\sim j_1} = \alpha_{A\sim j} - \alpha_{A\sim B}$$

$$D_{A\sim j} = \sqrt{(X_j - X_A)^2 + (Y_j - Y_A)^2}$$

5. 矩形建筑物角点测设点位检测表（见表 5-8）

表 5-7　矩形建筑物角点测设数据计算表

计算_____　检查_____　日期_____　测站点_____　后视点_____

点号	X/m	Y/m	方向号	方位角	水平角	平距/m
测站 A_6						
后视 A_5						
1						
2						
3						
4						

表 5-8　矩形建筑物角点测设点位检测表

观测_____　记录_____　检查_____　日期_____　天气_____

点号	坐标差和标高差			距离差 D_{Ai}（m）			
	Δx（m）	Δy（m）	桩位标高差（m）	边号	测设（m）	实测（m）	较差（mm）
1				1～2			
2				2～3			
3				3～4			
4				4～1			

四、注意事项

1. 在放样前，要弄清房屋基础的各部尺寸及其构造，以免取错放样数据。

2. 放样长度要丈量两次，并取其平均值。

3. 放样长度时，钢尺注意拉平，所施加的拉力，要尽量接近标准拉力。

五、考核评分标准

考核标准：房屋基础放样成绩评定标准见表 5-9。

考核项目：房屋基础放样数据的测设。

表 5-9　房屋基础放样成绩评定表

测试内容	分值	操作要求及评分标准	扣分	得分	考核记录
工作态度	10 分	仪器、工具轻拿轻放，装箱正确			
放样数据计算	10 分	计算快速、正确			
根据放样数据进行测设读数	40 分	步骤合理，点位测设正确			
校核	15 分	含计算校核和测设校核			
测设精度	15 分	点位测设精度满足要求			
综合印象	10 分	动作规范、熟练、文明作业			
合计					

六、练习题

1. 当民用建筑形成一个建筑群时，每一个个体建筑的位置是怎样标定出来的？

2. ±0 意义是什么？为什么要放样±0 的高程位置？

3. 设置龙门板的作用是什么？

4. 为什么要先放样外墙中线，然后放样间壁墙的中线？

模块六

全站仪使用测量

项目一　全站仪的认识与基本操作

一、目的要求

1. 了解全站仪的构造、各部件的名称及作用。
2. 掌握全站仪的操作要领。
3. 掌握全站仪测量角度、距离和坐标的方法。

二、准备工作

1. 场地选择：选择平坦场地。
2. 仪器工具：全站仪、单棱镜、木桩、铁锤、小钉。
3. 人员组织：每 3 人一组，轮换操作。

三、要点及流程

1. 全站仪的认识

全站仪由电子测角、光电测距与机载软件组合而成的智能型光电测量仪器，读数方式为电子显示。有功能操作键及电源，还配有数据通信接口。

2. 全站仪基本操作（以尼康全站仪为例进行介绍）

（1）测量前的准备工作。

① 电池安装。（注意：测量前电池需充足电）

a. 把电池盒底部的导块插入装电池的导孔。

b. 按电池盒的顶部直至听到"咔嚓"响声。

c. 向下按解锁钮，取出电池。

② 仪器安置。

将仪器安置在三脚架上，精确整平和对中，以保证测量成果的精度。同时，应使用专用中心连接螺旋的三脚架。

a. 在实习场地上选择一点 O，作为测站，另外两点 A、B 作为观测点。

b. 将全站仪安置于 O 点，对中、整平（操作步骤与一般经纬仪相同）。

③ 测量前仪器状态准备。

a. 电池电量检查。

b. 在初始设置菜单角度设置中查看竖直零方向和分辨率。

c. 在距离测量设置中查看比例因子、温度气压改正和海平面改正等。

d. 在单位设置中查看角度、距离和气温、气压的单位设置是否正确。

e. 长按测量键查看棱镜常数设置是否正确等。

（2）角度测量。

① 首先从显示屏上确定是否处于角度测量模式，如果不是，则在 BMS 屏下按 DSP 键或方向操作键转换为角度测量显示屏。

② 盘左瞄准左目标 A，按 ANG 键选择 1∶0—Set 功能键，使水平度盘读数显示为 0°00′00″，顺时针旋转照准部，瞄准右目标 B，读取水平度盘显示读数。

③ 同样的方法可以进行盘右观测。

（3）距离测量。

① 首先从显示屏上确定是否处于距离测量模式，如果不是，则在 BMS 屏下按 DSP 键或方向操作键转换为距离测量显示屏。

② 照准棱镜中心，按下 MSR/TRK 键，显示屏上出现测量光标显示，光标显示结束，可在显示屏上查看距离测量结果，*HD* 为水平距离，*SD* 为倾斜距离，*VD* 为垂直距离。

（4）记录存储。

全站仪都设有数据存储器，可设置测量结束后按 REC 键存储测量结果。

3. 全站仪的程序测量功能

（1）坐标测量。

① 在 BMS 屏下，选择功能键 STN 中的已知点建站，输入测站点 O 点、后视坐标或后视方位角，以及仪器高和棱镜高。

② 照准后视点 A，按下 ENT 键，完成建站。

③ 照准前视点 B，在坐标测量显示屏下，按下 MSR/TRK，等显示屏上光标显示结束后，在坐标显示屏上就可查看前视点坐标。

（2）放样。

放样程序可以帮助工作人员在工作现场根据点号和坐标值将该点定位到实地。步骤如下所述：

① 建站。建站方法同上。建站结束后照准后视点制动，按下 ENT 键完成建站工作。

② 在功能键中按下 S-O，根据给定条件选择放样方法。以给定放样点坐标为例，在显示屏中选择 2∶XYZ，输入放样点坐标、仪器高等，结束后按 ENT 键完成放样点资料的输入。

③ 一旦指定放样点，将显示目标点的角度和距离，旋转仪器到 dHA 变到接近 0。按下 MSR/TRK 键，观测棱镜，提醒立尺人员调整棱镜位置，如果目标放到指定位置，从横误差为 0.000 m，则在地面上确定点的位置。

全站仪不同类型具有不同的功能，除上述功能介绍外，还有其他的功能。

四、注意事项

1. 全站仪在使用过程中，严禁望远镜镜头直接照准太阳。

2. 近距离将仪器和脚架一起搬动时，应保持仪器竖直向上。

3. 换电池前必须关机。

4. 全站仪是精密贵重仪器，使用过程中要防日晒、防雨淋、防碰撞震动等。

五、考核评分标准

考核标准：全站仪使用操作考核评分标准见表 6-1。

考核项目：全站仪的正确使用操作。

表 6-1 全站仪使用操作考核评分表

测 试 内 容	分值	操作要求及评分标准	扣分	得分	考核记录
距离测量（MSR/TRK）	15 分	在基本测量屏（BMS）下进行距离测量。 在基本测量屏（BMS）下对测距精度模式和测距次数进行设置			
角度测量（Agle）	20 分	在角度测量模式下，能完成度盘归零设置（0-Set）和角度输入（Input）。 进行角度复测			
对边测量（RDM）	15 分	在此模式下，能够对连续式（Continuous）和辐射式（Radial）两种不同形式进行测量			
建站（STN）	20 分	利用已知点即后视点的坐标和坐标方位角进行建站。 利用两点后方交会法进行测站点坐标测量建站			
放样（S-O）	20 分	能够用坐标方位角配合水平距离进行放样。 用待测点的坐标进行放样			
仪器安全规范操作	10 分	能正确、安全使用全站仪，无违规操作，爱护仪器			
时　　限		整个操作时间在 20 min 范围内操作完成，超时 3 min 停止操作，不计成绩			
合计					

六、练习题

1. 简述全站仪的结构与原理。
2. 衡量一台全站仪性能的主要指标有哪些？
3. 简述全站仪测量水平角的主要步骤。
4. 简述全站仪距离测量的主要步骤。
5. 简述全站仪坐标测量的主要步骤。
6. 简述全站仪使用时的注意事项。

项目二　全站仪程序功能应用及测量

（一）偏 心 测 量

一、目的要求

1. 初步掌握偏心测量的基本方法。
2. 掌握角度偏心、距离偏心的作业过程。

二、准备工作

1. 仪器工具：全站仪 1 台，棱镜、对中杆 1 组。
2. 人员组织：每 3 人一组，轮换操作。

三、要点及流程

1. 角度偏心

图 6-1 为角度偏心示意图。用角度偏心测定球场中心 C 点坐标，再用坐标测量直接测定 C 点坐标进行比较；用距离偏心测定球场角点 E 坐标，偏心点选 D 点，再用坐标测量直接测定目标点 E 的坐标进行比较。距离偏心测定球场角点坐标也可 G 点为目标点，F 为偏心点。

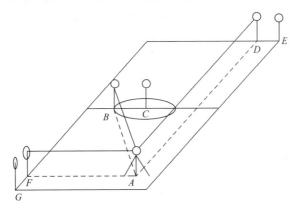

图 6-1　角度偏心示意图

全站仪角度偏心测量操作流程见表 6-2。

表 6-2　全站仪角度偏心测量操作流程表

操作过程	操作键	显　示
（1）在测量模式下，照准偏心点按【斜距】开始测量	【斜距】	距离测量 距离　　　镜常数 = −30 　　　　　PPM 　= 0 单次精测 　　　　　　　　　【停止】
（2）测量停止后（在重复测量模式下需按【停止】），显示出测站点至偏心点的斜距、垂直角和水平角		测量　　　PC　　　−30 ⊥　　　　PPM　　　0 S　　10.427 m　　　3 ZA　　89°59′54″ HAR 90°01′00″〔P₁〕 【斜距】【切换】【置角】【参数】
（3）在测量模式下使之显示出【偏心】功能，按【偏心】进入偏心测量菜单屏幕	【偏心】	偏心测量 ① 距离偏心 ② 角度偏心 ③ 双距偏心 ④ 设置测站

操作过程	操作键	显 示
（4）选取"1. 距离偏心"后按【ENT】，显示单距偏心测量屏幕。设置下列各数据项： ① 偏距：偏心点至目标点的平距值； ② 方向：偏心点的方向（按左、右方向键变换方向）。 每设置完一数据项后按【ENT】	"1. 距离偏心"+【ENT】	S　10.865 m ZA　87°58′38″ HAR　112°34′23″　3 偏距：2.450 m 方向：↑ 【确定】　【观测】
（5）按【观测】后，按【确定】显示偏心测量结果屏幕。在不同的测量模式下（第1步中所用测量模式）显示的内容是不一样的。测量结果分距离和坐标两种情况，右显示列上显示的是测距模式下的测量结果，若需要坐标测量结果，则按【坐标】；再按【距离】，则又回到距离测量结果显示屏幕	【确定】+【坐标】（或【距离】）	距离偏心 S　　　13.315 m　3 ZA　　　87°58′38″ HAR　　112°34′23″ 【记录】　　　　【坐标】 距离偏心 N：12.345 m　　3 E：31.234 m Z：0.569 m 【记录】　【距离】
（6）按记录记录测量数据。输入下列数据项： ① 点名（目标点点号）； ② 代码； ③ 目标高。 每输入完一数据项后按【ENT】。 ● 点名最大长度：14 字符 ● 代码最大长度：14 字符	【记录】	S　　　10.865 m ZA　　　87°58′38″ HAR　　112°34′23″　3 点名：KLD1 目标高：1.670 m　　↓ 【存储】 N　　　2.345 E　　　1.234 Z　　　0.569 3 点名：KLD1 目标高：1.570 m　　↓ 【存储】
（7）按【存储】返回偏心测量菜单屏幕。 ● 退回偏心测量菜单屏幕：【ESC】	【存储】	偏心测量 ① 距离偏心 ② 角度偏心 ③ 双距偏心 ④ 设置测站

2. 距离偏心

图 6-2 为距离偏心示意图。

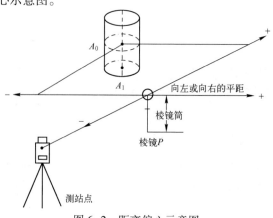

图 6-2　距离偏心示意图

全站仪距离偏心测量操作流程见表6-3。

表6-3 全站仪距离偏心测量操作流程表

操 作 过 程	操 作 键	显 示
（1）在测量模式下，照准偏心点按【斜距】开始测量	【斜距】	距离测量. 距离　　　镜常数 = −30 　　　　　PPM　 = 0 单次精测 　　　　　　　　　【停止】
（2）测量停止后（在重复测量模式下需按【停止】），显示出测站点至偏心点的斜距、垂直角和水平角		测量.　　　PC　　　−30 ⊥　　　　　PPM　　0 S　　10.865 m　　3 ZA　　89°59′54″ HAR　90°01′00″〔P₁〕 【斜距】【切换】【置角】【参数】
（3）在测量模式下使之显示出【偏心】功能，按【偏心】进入偏心测量菜单屏幕	【偏心】	偏心测量 ① 距离偏心 ② 角度偏心 ③ 双距偏心 ④ 设置测站
（4）选取"1. 距离偏心"后按【ENT】，显示单距偏心测量屏幕。设置下列各数据项： ① 偏距：偏心点至目标点的平距值； ② 方向：偏心点的方向（按左、右方向键变换方向）。 每设置完一数据项后按【ENT】	"1. 距离偏心" +【ENT】	S　　10.865 m ZA　　87°58′38″ HAR　112°34′23″ 3 偏距：2.450 m 方向：↑ 确定　观测
（5）按【观测】后，按【确定】显示偏心测量结果屏幕。在不同的测量模式下（第1步中所用测量模式）显示的内容是不一样的。测量结果分距离和坐标两种情况	【确定】+【坐标】（或【距离】）	距离偏心 S　13.315 m　　　　　3 ZA　87°58′38″ HAR　112°34′23″ 【记录】　　　　　　【坐标】
（6）按记录记录测量数据。输入下列数据项 ① 点名（目标点点号）； ② 代码； ③ 目标高。 每输入完一数据项后按【ENT】。 • 点名最大长度：14字符 • 代码最大长度：14字符	【记录】	S　　10.865 m ZA　　87°58′38″ HAR　112°34′23″ 3 点名：KLD1 目标高：1.670 m　↓ 【存储】
		N　2.345 E　1.234 Z　0.569 3 点名：KLD1 目标高：1.570 m　↓ 【存储】
（7）按【存储】返回偏心测量菜单屏幕。 • 退回偏心测量菜单屏幕：【ESC】	【存储】	偏心测量 ① 距离偏心 ② 角度偏心 ③ 双距偏心 ④ 设置测站

四、注意事项

1. 第 4 步中 偏距输入范围：±9999.999 m　　输入单位：0.001 m
2. 偏心方向指针：
→目标点位于棱镜点的右侧
←目标点位于棱镜点的左侧
↑目标点位于棱镜点的前侧
↓目标点位于棱镜点的后侧
3. 重新观测偏心点：【观测】

五、考核评分标准

考核标准：全站仪基本测量工作测设成绩评定标准见表 6-4。

考核项目：正确使用全站仪，完成角度偏心、距离偏心的作业过程。

表 6-4　全站仪基本测量工作测设成绩评定表

测试内容	分值	操作要求及评分标准	扣分	得分	考核记录
工作态度	15 分	仪器工具使用正确，应有团队协作意识等			
操作过程	40 分	操作熟练、规范、方法步骤正确、不缺项			
读数	10 分	读数正确、规范			
记录	10 分	记录正确、规范			
计算	10 分	计算快速、正确、规范、齐全			
精度	5 分	精度符合规范要求			
综合印象	10 分	动作规范、熟练文明作业			
合计					

六、练习题

1. 在图 6-3 中标出测站点、后视点、角度偏心测量的偏心点以及目标点、距离偏心测量的偏心点、目标点的位置示意图。

2. 实践记录。在外业完成表 6-5 的测设数据。

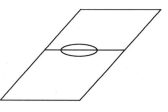

图 6-3　偏心测量示意图

表 6-5　偏心测量记录表

测站（A）坐标		测站点至后视点方位角	测点	偏心测量的坐标			坐标测量的坐标		
				X	Y	Z	X	Y	Z
X	500.000								
Y	500.000	45°00′00″							
Z	500.000								

（二）对边测量

一、目的要求

1. 掌握对边测量的方法步骤。
2. 每位同学对某场地实测长和宽两条边，计算出面积。

二、准备工作

1. 仪器工具：每组全站仪 1 台，棱镜、对中杆 1 组。
2. 人员组织：每 3 人一组，轮换操作。

三、要点及流程

1. 对边测量

全站仪对边测量操作流程见表 6-6。

表 6-6　全站仪对边测量操作流程表

操作过程	操作键	显　示
（1）在测量模式下，照准起始点 P_1 后按【斜距】开始测量。测量结束后（在重复测量模式下时按【停止】），屏幕显示如右侧显示列所示	【斜距】	测量．　　PC　　 −30 ⊥　　　　PPM　　0 S　　18.678 m　　3 ZA　　89°59′54″ HAR　90°01′00″［P_1］ 【斜距】【切换】【置角】【参数】
（2）照准目标点 P_2，在测量模式第 3 页菜单下按【对边】始对边测量	【对边】	距离测量． 距离　镜常数　= −30 　　　PPM = 0 　　　单次精测 　　　【停止】
（3）测量停止后显示如右图所示的对边测量结果： 对边 S：起始点 P_1 与目标点 P_2 间的斜距 H：起始点 P_1 与目标点 P_2 间的平距 V：起始点 P_1 与目标点 P_2 间的高差 S：测站点与目标点 P_2 间的斜距 HAR：测站点与目标点 P_2 间的水角	【斜距】	对边　S　20.757 m H　　27.345 m V　　1.020 m　　3 S　　15.483 m HAR　135°31′28″ 【对边】【新站】【斜距】【观测】
（4）照准目标 P_3 后按【对边】开始对边测量。测量停止后显示起始点 P_1 与目标点 P_3 间的斜距、平距和高差。用同样的方法，可以测量起始点与其他任一点间的斜距、平距和高差。 ● 重新观测起始点：【观测】	【对边】	对边　S　10.757 m H　　37.345 m V　　1.060 m　　3 S　　15.483 m HAR　135°31′28″ 【对边】【新站】【斜距】【观测】
（5）按【ESC】结束对边测量	【ESC】	测量．　　PC　　 −30 ⊥　　　　PPM　　0 S　　18.678 m　　3 ZA　　89°59′54″ HAR　90°01′00″［P_1］ 【斜距】【切换】【置角】【参数】

2. 完成足球场或者排球场的边长丈量（见图6-4和表6-7）

图6-4　足球场或者排球场边长丈量示意图

表6-7　足球场或者排球场边长丈量记录表

名　　称	AB 边长	BC 边长	排球场面积
对边测量			
皮尺丈量			

四、注意事项

1. 瞄准目标一定要精确。
2. 注意棱镜高的量取和输入。

五、考核评分标准

考核标准：全站仪对边测量成绩评定标准见表6-8。

考核项目：使用全站仪完成对边测量的作业过程。

表6-8　全站仪对边测量成绩评定表

测试内容	分值	操作要求及评分标准	扣分	得分	考核记录
工作态度	15 分	仪器工具使用正确，团队协作意识等			
操作过程	40 分	操作熟练、规范，方法步骤正确、不缺项			
读数	10 分	读数正确、规范			
记录	10 分	记录正确、规范			
计算	10 分	计算快速正确、规范、齐全			
精度	5 分	精度规范要求			
综合印象	10 分	动作规范、熟练，文明作业			
合计					

六、练习题

使用全站仪进行对边测量的工作原理是什么？

（三）悬 高 测 量

一、目的要求

1. 基本掌握悬高测量的作业方法。
2. 每位同学完成需要镜高的悬高测量2个点高度的测量工作，并进行实际高度的量测比较。

二、准备工作

1. 仪器工具：每组全站仪 1 台、棱镜、对中杆 1 组、皮尺 1 把。
2. 人员组织：每 3 人一组，轮换操作。

三、要点及流程

悬高测量就是测量棱镜不能到达的点的高度或高程。

1. 设站

悬高测量设站的方法有两种：一种是自由设站，另一种是在已知点上设站。

（1）自由设站。

当悬高点只测高度不测高程时采用自由设站方法。自由设站就是在观测悬高点比较方便的地方设站，设站时把全站仪置平即可。

（2）在已知点上设站。

当对悬高点既测高度又测高程时，需要在已知点上设站，在已知点上设站方法与数据采集设站方法一样，即把全站仪对中、整平、按程序设站定向。

2. 悬高测量

调用悬高测量程序，输入基点号和棱镜高。在与悬高点相垂直的地面点（即基点）上竖立棱镜，然后将望远镜上仰瞄准悬高点，测量后，即显示悬高点的高度与高程数据。

悬高测量记录表见表 6-9。

表 6-9　悬高测量记录表

名　称	镜　高	距　离	全站仪测量高度	皮尺丈量高度	比较误差

四、注意事项

为了得到不能放置棱镜的目标高度，比须将棱镜置于目标点所在的铅垂线上的任意点，然后进行悬高测量。

五、考核评分标准

考核标准：全站仪悬高测量成绩评定标准见表 6-10。

考核项目：全站仪悬高测量的作业过程。

表 6-10　全站仪悬高测量成绩评定表

测试内容	分值	操作要求及评分标准	扣分	得分	考核记录
工作态度	15 分	仪器工具使用正确，应有团队协作意识等			
操作过程	40 分	操作熟练、规范，方法步骤正确、不缺项			
读数	10 分	读数正确、规范			
记录	10 分	记录正确、规范			
计算	10 分	计算快速、正确、规范、齐全			
精度	5 分	精度符合规范要求			
综合印象	10 分	动作规范、熟练，文明作业			
合计					

六、练习题

使用全站仪进行悬高测量的工作原理是什么？

（四）面 积 测 量

一、目的要求

1. 掌握面积测量的基本方法与作业过程。
2. 每位同学测量排球场的面积，并和计算出的面积进行比较。

二、准备工作

1. 仪器工具：每组全站仪1台，棱镜、对中杆1组，皮尺1把。
2. 人员组织：每3人一组，轮换操作。

三、要点及流程

1. 操作过程

全站仪面积测量操作流程见表6-11。

表6-11　全站仪面积测量操作流程表

操 作 过 程	操 作 键	显　　示
（1）在【菜单】第2页上，选择"8. 面积计算"		菜单（2）　　　　　　↑ 6. 后方交会 7. 角度复测 8. 面积计算
对于每一个参与面积计算的点既可以通过测量得到，也可以调用内存中的坐标数据。这里第1点以测量为例： （2）照准所计算面积的封闭区域第1边界点后按【测量】开始测量，测量结果显示在屏幕上	照准第01点+【测量】+【测量】	面积计算 01： 02：　　　　　　　　3 03： 04： 【取值】　　　【测量】
		N： E： S-0：　　　　m　3 ZA　92°36′25″ HAR　120°30′10″ 【测量】
		N：　　100. 123 E：　　202. 342 S-A：　80. 079 m　3 ZA　92°36′25″ HAR　120°30′10″ 【确定】　　　【测量】

操作过程	操作键	显　　示
（3）按【确定】将测量结果作为"Pt_01"点。屏幕中以"Pt_＊＊"表示此点为测量所得。＊＊为点号	【确定】	面积计算 01：Pt_01 02：　　　　　3 03： 04： 【取值】　　　　【测量】
（4）可重复步骤2至3，按顺时针或逆时针方向顺序完成全部边界点的观测，也可调用内存中的坐标数据。这里第2点以调用内存中的坐标数据为例，按【取值】显示内存中已知坐标点的清单。其中： 点：为内存中的已知数据。 坐标/测站：是存储于指定工作文件中的坐标数据	【取值】	面积计算 01：Pt_01 02：　　　　　3 03： 04： 【取值】　　　　【测量】
（5）在已知坐标点清单中选取第2边界点对应的点号后按【ENT】读取该点坐标	【ENT】	面积计算 01：Pt_01 02：　　　　　3 03： 04： 【取值】　　　　【测量】
（6）光标移到第3点上，若通过测量获得此点坐标，屏幕上显示为"Pt_03"；若调用内存中的坐标，则显示该点的点号。当获得的已知点数达到足以计算面积点数（至少3个）时，屏幕显示出【计算】		面积计算 01：Pt_01 02：　　1　　　　3 03：Pt_03 04： 【取值】　【计算】　【测量】
（7）按【计算】计算并显示面积计算结果	【计算】	参与计算点数：3 6.000平米 0.0006公顷 0.0015英亩 64.58平尺 【继续】　　　　【结束】
（8）按【结束】结束面积计算返回到菜单屏幕。若按【继续】则又进入面积计算程序	【结束】	菜单（2）　　　　　↑ 6. 后方交会 7. 角度复测 8. 面积计算

2. 实践记录

外业进行如图6-5所示的形状进行面积量算，将记录书记填入表6-12。

表6-12　面积测量记录表

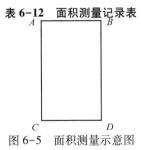

图6-5　面积测量示意图

163

排球场面积 （面积测量方法）	排球场面积 （对边测量方法）	比 较 误 差

四、注意事项

1. 如果图形边界相互交叉，则面积不能正确计算。
2. 混合坐标文件数据和测量数据来计算面积是不可能的。
3. 面积计算所用的点数是没有限制的。

五、考核评分标准

考核标准：全站仪面积测量成绩评定标准见表6-13。
考核项目：全站仪面积测量的作业过程。

表 6-13　全站仪面积测量成绩评定表

测试内容	分值	操作要求及评分标准	扣分	得分	考核记录
工作态度	15分	仪器工具使用正确，应有团队协作意识等			
操作过程	40分	操作熟练、规范，方法步骤正确、不缺项			
读数	10分	读数正确、规范			
记录	10分	记录正确、规范			
计算	10分	计算快速正确、规范、齐全			
精度	5分	精度符合规范要求			
综合印象	10分	动作规范、熟练，文明作业			
合计					

六、练习题

1. 全站仪坐标测量时的基本操作包括哪些内容？
2. 使用全站仪进行面积量算的工作原理是什么？

项目三　全站仪三维导线测量

一、目的要求

1. 了解导线测量工作内容和方法，进一步提高测量技术。
2. 掌握全站仪坐标测量原理和方法。

二、仪器与工具

1. 仪器工具：全站仪1套、棱镜2个、花杆1根、记录板1块。
2. 人员组织：每3人一组，轮换操作。

三、要点及流程

1. 室外操作步骤

（1）如图6-6所示，在实验区域内选取 A、B、C、D 四点，A、D 通视，A、B、C 相互通视，AD 为已知方位边，A 为已知点。

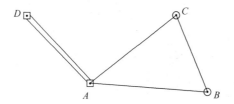

图 6-6　全站仪三维导线测量示意图

（2）在 A 点架设全站仪，对中、整平后，量取仪器高，输入测站坐标、高程、仪器高。后视 D 点，设置后视方位角。

（3）依次观测 C 点、B 点，输入各反光镜高，测量并记录其三维坐标及 AB 方位角。

（4）搬站至 B 点，以 B 为测站，以 A 为后视，观测 C 点，记录其三维坐标，注意各边高差应取对向观测高差的平均值。

（5）搬站至 C，以 C 测站，以 B 后视，观测 A，记录其三维坐标。

（6）计算坐标闭和差，评定导线精度。

2. 全站仪导线测量记录表（见表6-14）

表 6-14　全站仪导线测量记录表格

测站仪高 i	后视点号	后视方位角 （°　′　″）	测点号	X 坐标 （m）	Y 坐标 （m）	镜高 v （m）	高差 h （m）	H 高程 （m）
		60 30 45		1000.000	2000.000			78.375
	D		测点 B					
			C					
B	A		A					
			C					
C	B		B					
			A					

四、注意事项

1. 边长较短时，应特别注意严格对中。

2. 瞄准目标一定要精确。

3. 注意目标高和仪器高的量取和输入。

五、考核评分标准

考核标准：全站仪三维导线测量成绩评定标准见表6-15。

考核项目：全站仪三维导线测量的作业过程。

表6-15　全站仪三维导线测量成绩评定表

测试内容	分值	操作要求及评分标准	扣分	得分	考核记录
工作态度	10分	仪器工具使用正确，团队应有协作意识等			
操作过程	35分	操作熟练、规范，方法步骤正确、不缺项			
读数、记录	10分	读数、记录正确、规范			
地面标志点位	10分	清晰、规范			
精度	25分	精度符合规范要求			
综合印象	10分	动作规范、熟练，文明作业			
合计					

六、练习题

常规导线测量工作中，采用全站仪测量水平角和距离的同时，一同测定了相应的竖直角、仪器高、目标高，观测数据如表6-16所示，试计算各导线点的高程。

表6-16　全站仪导线测量记录表

测站	目标	竖直角 (° ′ ″)			水平距离 (m)	目标高 (m)	仪器高 (m)	备　注
G06	N_1	1	08	42	243.168	1.456	1.508	$H_{G6}=153.866$
N_1	G06	-1	06	36		1.700	1.486	
	N_2	0	32	48	295.618	1.637		
N_2	N_1	-0	30	36		1.600	1.560	
	N_3	0	18	42	329.750	1.514		
N_3	N_2	-0	19	54		1.442	1.488	
	N_4	2	33	30	284.549	1.389		
N_4	N_3	-2	34	24		1.520	1.503	
	N_5	-1	36	54	252.087	1.456		
N_5	N_4	1	34	24		1.340	1.464	
	G17	-0	18	48	238.789	1.662		
G17	N_5	0	20	12		1.425	1.513	$H_{G6}=167.530$

项目四　全站仪放样测量

一、目的要求

1. 掌握道路中线坐标计算。

2. 掌握全站仪坐标放样的操作方法。

二、准备工作

1. 仪器工具：全站仪 1 套、棱镜 2 个 花杆 1 根、记录板 1 块。
2. 人员组织：每 3 人一组，轮换操作。

三、要点及流程

1. 测设元素计算

如图 6-7 所示，A、B 为地面控制点，现欲测设房角点 P，则首先根据下面的公式计算测设数据：

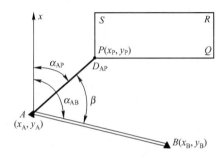

图 6-7 极坐标测设原理

（1）计算 **AB**、**AP** 边的坐标方位角：

$$\alpha_{AB} = \arctan \frac{\Delta y_{AB}}{\Delta x_{AB}}$$

$$\alpha_{AP} = \arctan \frac{\Delta y_{AP}}{\Delta x_{AP}}$$

（2）计算 **AP** 与 **AB** 之间的夹角：$\beta = \alpha_{AB} - \alpha_{AP}$。

（3）计算 **A**、**P** 两点间的水平距离：

$$D_{AP} = \sqrt{(x_P - x_A)^2 + (y_P - y_A)^2} = \sqrt{\Delta x_{AB}^2 + \Delta y_{AP}^2}$$

注意：以上计算可由全站仪内置程序自动进行。

2. 实地测设

（1）仪器安置：在 A 点安置全站仪，对中、整平。

（2）定向：在 B 点安置棱镜，用全站仪照准 B 点棱镜，拧紧水平制动和竖直制动。

（3）数据输入：把控制点 A、B 和待测点 P 的坐标分别输入全站仪。全站仪便可根据内置程序计算出测设数据 D 及 β，并显示在屏幕上。

（4）测设：把仪器的水平度盘读数拨转至已知方向 β 上，拿棱镜的同学在已知方向线上在待定点 P 的大概位置立好棱镜，观测仪器的同学立刻便可测出目前点位与正确点位的偏差值 ΔD 及 $\Delta \beta$（仪器自动显示），然后根据其大小指挥拿棱镜的同学调整其位置，直至观测的结果恰好等于计算得到的 D 和 β，或者当 ΔD 及 $\Delta \beta$ 为一微小量（在规定的误差范围内）时方可。

四、注意事项

1. 不同厂家生产的全站仪在数据输入、测设过程中的某些操作可能会稍不一样，实际工作中应仔细阅读说明书。

2. 在实习过程中，测设点的位置是有粗到细的过程，要求同学在实习过程中应有耐心，相互配合。

3. 测设出待定点后，应用坐标测量法测出该点坐标与设计坐标进行检核。

4. 实习过程中应注意保护仪器和棱镜的安全，观测的同学不得擅自离开仪器。

五、考核评分标准

考核标准：全站仪放样三维坐标点成绩评定标准见表6-17。

考核项目：全站仪放样三维坐标点的作业过程。

表 6-17　全站仪放样三维坐标点成绩评定表

测试内容	分值	操作要求及评分标准	扣分	得分	考核记录
工作态度	10分	仪器工具使用正确，团队应有协作意识等			
操作过程	35分	操作熟练、规范，方法步骤正确、不缺项			
读数、记录	10分	读数、记录正确、规范			
地面标志点位	10分	清晰、规范			
精度	25分	精度符合规范要求			
综合印象	10分	动作规范、熟练，文明作业			
合计					

六、练习题

1. 利用前方交会方法测定图6-8中 P 点的坐标，相关已知数据见表6-18和表6-19。

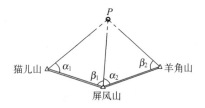

图 6-8　前方交会法示意图（1）

表 6-18　已知数据

点 名	$X(\mathrm{m})$	$Y(\mathrm{m})$
猫儿山	3646.352	1054.545
屏风山	3873.960	1772.683
羊角山	4538.452	1862.571

表 6-19 观测数据

角名	角度值	角名	角度值
α_1	64° 03′33″	α_2	55° 30′36″
β_1	59° 46′40″	β_2	72° 44′47″

2. 如图 6-9 所示，已知起算数据见表 6-20，试计算 P 点的坐标。

表 6-20 已知数据

点 名	X(m)	Y(m)
Ⅱ08	276013.963	464822.890
Ⅱ14	276085.784	465643.811

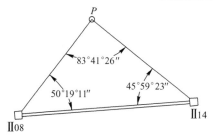

图 6-9 前方交会法示意图（2）

项目五 全站仪纵横断面测量

一、目的要求

1. 了解全站仪的各项功能。
2. 掌握全站仪纵横断面测量的方法。

二、准备工作

1. 仪器工具：全站仪 1 台、小钢尺 1 把、测钎 1 个、单棱镜 1 个、记录板 1 个。
2. 人员组织：每 3 人一组，轮换操作。

三、要点及流程

横断面是某一中桩垂直于路线方向两侧相对于中桩的原地面自然起伏形状，它是计算土石方数量的重要依据，主要测量中桩两侧原地面每一个变化点相对与中桩的高差和平距。用全站仪来测量横断面的方法比较多。测量高差和平距是全站仪的功能所在，所以测量起来特别方便，而且对于高差较大、地势险峻的地段利用直接获得高差和平距的优势尤为突出。测量时在中桩处架好仪器对中整平后瞄准垂直于路线的横断面方向，指挥棱镜手在每个变化点处立杆，测量出距离和高差（或直接测量高程）既可。还可以使用全站仪自带的对边测量功能，也可以很方便的测量出所需数据。或者还可以在任意一点架仪器，测量出每个变化点的坐标和高程。各种方法的不同之处是，第一种方法需要在每个中桩架设仪器，速度慢，但横断面方向比较准确，后两种方法可以在任意点架设仪器，灵活度大，工作强度小，但在横断面方向确定精度较差。

1. 实际三维坐标法

如果测区植被茂密，通视条件较差，可将全站仪架在线路附近地势较高、视野开阔的已知控制点上，用已知控制点定向，在中桩上安排一人用"十"字方向架指挥定向，镜站人员在定向人员的指挥下沿横断面方向在横断面上地形、地物、地质变化点立点，测站人员用数字命名点名，将这些描述横断面的点一一采集下来，记录在全站仪的内存里，测完一个横断面后再测另外一个，也可以同时测几个横断面，采用以下表 6-21 格式测量记录数据。

表 6-21　横断面（距离、高程）记录表

距　　离	高　　程
101.0	92.2829
60.8	94.0548
59.2	94.5218
58.2	94.5023
56.4	94.1515
43.2	94.3631

2. 流程

在 BM_1 至 BM_2 之间测各桩号高程，进行纵断面测量——分别测量 K0+020、K0+060 两桩号的横断面点 1、2、3，具体如图 6-10 和图 6-11 所示。

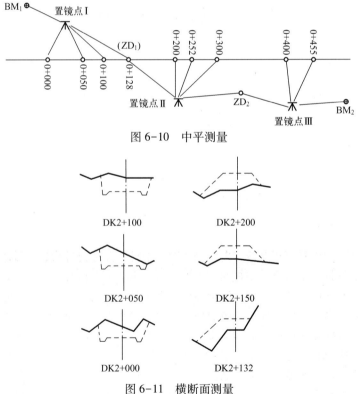

图 6-10　中平测量

图 6-11　横断面测量

3. 全站仪纵、横断面测量记录表（见表6-22和表6-23）

表 6-22　全站仪纵断面测量记录表

日期：_____　天气：_____　仪器型号：_____　组号：_____

观测者：_____　记录者：_____　立棱镜者：_____

已知：测站点_____的高程 $H =$ _____ m。

量得：测站仪器高 = _____ m，前视点_____的棱镜高 = _____ m。

桩号或转点名称	高程 H(m)	桩号或转点名称	高程 H(m)

表 6-23　全站仪横断面测量记录表

日期：_____　天气：_____　仪器型号：_____　组号：_____

观测者：_____　记录者：_____　立棱镜者：_____

已知：测站点_____的高程 $H =$ _____ m 。

量得：测站仪器高 = _____ m，前视点的棱镜高 = _____ m。

左侧（单位：m）		桩号	右侧（单位：m）	
… … … $\dfrac{高程(cm)}{至桩点平距(m)}$			$\dfrac{高程(cm)}{至桩点平距(m)}$ … … …	

四、注意事项

纵、横断面测量要注意前进的方向及前进方向的左右两侧。

五、考核评分标准

考核标准：全站仪纵横断面测量成绩评定标准见表6-24。

考核项目：全站仪纵横断面测量的作业过程。

表 6-24　全站仪纵横断面测量成绩评定表

测试内容	分值	操作要求及评分标准	扣分	得分	考核记录
工作态度	10 分	仪器工具使用正确，团队应有协作意识等			
操作过程	35 分	操作熟练、规范，方法步骤正确、不缺项			
读数、记录	10 分	读数、记录正确、规范			
地面标志点位	10 分	清晰、规范			
精度	25 分	精度符合规范要求			
综合印象	10 分	动作规范、熟练，文明作业			
合计					

六、练习题

1. 简述线路横断面方向的确定方法。
2. 简述全站仪实现某指定桩号的路基横断面地面线复测方法。

模块七

GNSS 应用测量

项目一　GNSS 接收机认识和使用

一、目的要求

1. 初步了解 GNSS 接收机的构造。

2. 握 GNSS 接收机的操作方法和基本功能，初步掌握仪器的安置方法。

二、准备工作

1. 仪器工具：GNSS 接收机 6 台 2 套。

2. 自备：纪录纸、铅笔、计算器等工具。

3. 人员组织：每 3 人一组，轮换操作。

三、要点及流程

1. 安置 GNSS 接收机

（1）GNSS 接收机安置包括对中和整平等。

（2）按要求用电缆线将天线和主机相连，并检查连接是否正确。

2. 开机

按开关键，打开接收机主机。主机完成自检后，正常工作。

3. 设置测量参数

（1）手簿点击开始选择 TPSurvey 程序，执行【文件→新建任务】，输入任务名称，选择【配置→坐标系管理】配置中央子午线。点【配置→手簿端口配置】以蓝牙连接接收机，选择【测量→启动基准站接收机→进入设置界面】设置点名站点、坐标，差分链路，天线高、截止高度角等。

（2）等待卫星锁定后，查看【测量→测量点】并记录定位结果：Long（经度）；Lat（纬度）；Ht（椭球高），或者 North（北坐标 X）、动作表、East（东坐标 Y）、Up（高程 H），查看并记录 PDOP 值，点击选项查看（观测卫星数）。

4. 关机

在测量结束时，应先关闭主机电源，再撤下所有连接电缆。

四、注意事项

1. GNSS 接收机是精密电子设备，一定要轻拿轻放，装仪器的旅行箱要手提，避免拖拉行进。

2. 严格按照操作程序进行，在接通电源之前认真检查各种线路是否连接正确，以防烧毁部件。

3. 仪器开箱后，仔细观察仪器在箱中的摆放放项，以便装箱时能顺利装入。

五、考核评分标准

考核标准：GNSS 接收机认识和使用成绩评定标准见表 7-1。

考核项目：GNSS 接收机的正确使用。

表 7-1 GNSS 接收机认识和使用成绩评定表

测试内容	分值	操作要求及评分标准	扣分	得分	考核记录
工作态度	15 分	仪器工具使用正确，团队应有协作意识等			
操作过程	40 分	操作熟练、规范，方法步骤正确、不缺项			
读数	10 分	读数正确、规范			
记录	10 分	记录正确、规范			
计算	10 分	计算快速正确、规范、齐全			
精度	5 分	精度符合规范要求			
综合印象	10 分	动作规范、熟练，文明作业			
合计					

六、练习题

1. 简述 WGS—84 坐标系的几何定义。

2. 简述 GNSS 卫星的主要作用。

项目二　GNSS 接收机检验

一、目的要求

1. 初步掌握 GNSS 接收机的检验内容和检验方法。

2. 重点掌握用超短基线法检验 GNSS 接收机的内部噪声水平的方法。

二、准备工作

1. 仪器工具：GNSS 接收机 3 台套。

2. 自备：记录纸、铅笔、计算器等工具。

3. 人员组织：每 3 人一组，轮换操作。

三、要点及流程

1. 检验分类

（1）一般检视。检视接收机及天线型号是否正确，外观是否良好；各种部件及其附件是否齐全、完好；紧固部件是否松动和脱落；设备的使用手册是否齐全。

（2）通电检验。正确联接电缆，然后通电检验有关信号灯、按键、显示系统以及仪表、测试系统是否正常。最后按操作步骤进行卫星的捕获与跟踪，检验其工作情况。

（3）实测检验。应在不同长度的标准基线上或专设的 GNSS 测量检验场上进行。对广大用户而言，可采用较为简单的超短基线（准确测得它的实际长度），作为检测的标准值。

2. 实习流程

（1）场地选择：选择较为平坦的、周围没有大功率发射装置的地点，用钢尺量出 5 m 左右的等边三角形，用小钉定点。

（2）集中听指导教师讲解 GNSS 接收机检验方法。

（3）安置 GNSS 接收机，对中、整平、连接电源线及天线，开机观测 1 h，正常关机，用钢尺精确丈量三条边边长。

（4）到室内传输数据，解算基线，与钢尺丈量结果对比。

四、注意事项

1. 应记录测站号、仪器号、天线高和观测时间等信息。
2. 记录该测站的 GNSS 静态绝对定位结果。
3. 观测期间不能进行关机操作。
4. 观测时间内不能改变测站号、天线高、采样率和截止高度角等信息。

五、考核评分标准

考核标准：GNSS 接收机检验成绩评定标准见表 7-2。

考核项目：GNSS 接收机的检验的作业过程。

表 7-2　GNSS 接收机检验成绩评定表

测试内容	分值	操作要求及评分标准	扣分	得分	考核记录
工作态度	10 分	仪器、工具轻拿轻放，装箱正确，文明操作			
操作过程	20 分	熟练、规范、正确			
测量和记录	30 分	方法、过程正确合理			
鉴定方法	30 分	方法正确，操作熟练，结果无误			
成果评定	10 分	方法和结果均正确			
合计					

六、练习题

1. GNSS 误差来源有哪些？

2. 如何减弱 GNSS 接收机钟差？

项目三　静态定位测量

一、目的要求

1. 熟练掌握 GNSS 静态定位外业观测方法和过程。
2. 掌握外业观测过程中应注意的事项及有关精度要求。

二、准备工作

1. 仪器工具：GNSS 接收机 3 台套。
2. 自备：记录纸、铅笔、计算器等工具自备。
3. 人员组织：每 3 人一组，轮换操作。

三、要点及流程

静态相对定位是用两台接收机分别安置在基线两端，同步观测相同的 GNSS 卫星，以确定基线端点的相对位置或基线向量。同理，多台接收机安置在若干条基线的两端，通过同步观测 GNSS 卫星可以确定多条基线向量。在一个端点坐标已知的情况下，可以用基线向量求另一待定点坐标。相对定位的主要原理是：在两个或两个以上观测站同步观测相同卫星的情况下，卫星的轨道误差、卫星钟差、接收机钟差以及电离层和对流层的折射误差对观测量的影响具有一定的相关性，利用观测量求差的办法可有效地消除或减弱相关误差影响，以提高定位精度。

1. 静态外业观测要求

（1）各级测量作业基本技术要求见表 7-3。

表 7-3　各级 GNSS 测量基本技术要求规定

级别\项目	AA	A	B	C	D	E
卫星截止高度角	10	10	15	15	15	15
同时观测有效卫星数	≥4	≥4	≥4	≥4	≥4	≥4
有效观测卫星总数	≥20	≥20	≥9	≥6	≥4	≥4
观测时段数	≥10	≥6	≥4	≥2	≥1.6	≥1.6
PDOP 值	< 6	< 6	< 6	< 6	< 6	< 6

（2）观测组必须严格遵守调度命令，按规定时间同步观测同一组卫星。当没按计划到达点位时，应及时通知其他各组，并经观测计划编制者同意对时段作必要调整，观测组不得擅自更改观测计划。

（3）一个时段观测过程中严禁进行以下操作：关闭接收机重新启动；进行自测试（发现故障除外）；改变接收设备预置参数等；改变天线位置；按关闭和删除文件功能键等。

（4）观测期间作业员不得擅自离开测站，并应防止仪器受震动和被移动，要防止人员或其他物体靠近、碰动天线或阻挡信号。

（5）在作业过程中，不应在天线附近使用无线电通讯。当必须使用时，无线电通讯工具应距天线 10 m 以上。雷雨过境时应关机停测，并卸下天线以防雷击。

2. 外业观测记录

（1）测站名的记录，测站名应符合实际点位。

（2）时段号的记录，时段号应符合实际观测情况。

（3）接收机号的记录，应如实反映所用接收机的型号。

（4）起止时间的记录，起止时间宜采用协调世界时 UTC，填写至时、分。当采用北京标准时 BST，应与 UTC 进行换算。

（5）天线高的记录，观测前后量取天线高的互差应在限差之内，取平均值作为最后结果，精确至 0.001 m。

（6）预测 GNSS 数据文件格式，根据观测当天的日期、接收机号和时段号写出的数据文件应与数据传输出来的格式一致。

（7）测量手簿必须使用铅笔在现场按作业顺序完成记录，字迹要清楚、整齐美观，不得连环涂改、转抄。如有读、记错误，可整齐划掉，将正确数据写在上面并注名原因。

（8）严禁事后补记或追记，并按网装订成册，交内业验收。

GNSS 外业观测手簿的记录格式如表 7-4 所示。

表 7-4　GNSS 外业观测手簿

_____工程 GNSS 外业观测手簿

观测者姓名_____ 测　站　名_____ 天 气 状 况_____	日　　　期_____年_____月_____日 测 站 号_____时段号_____
测站近似坐标: 经度: E_____°_____' 纬度: N_____°_____' 高程: _____	本测站为 □_____ 新点 □_____ 等大地点 □_____ 等水准点 □_____
记录时间: □北京时间　□UTC　□　区时 开录时间_____ 结束时间_____	
接收机号_____　天线号_____ 天线高: （m） 1. _____ 2. _____ 3. _____平均值_____	测后校核值_____
天线高量取方式略图	测站略图及障碍物情况
观测状况记录 1. 电池电压_____（快、条） 2. 接收卫星号_____ 3. 信噪比（SNR）_____ 4. 故障情况_____	
5. 备注	

3. 实习流程

（1）安置 GNSS 接收机。

① GNSS 接收机安置包括对中和整平等，接收机天线北方向大致指向北方。

② 按要求用电缆线将天线和主机相连，并检查连接是否正确。

（2）开机。

按开关键，打开接收机主机。主机完成自检后，正常工作。

（3）设置测量参数。

① 各小组在各自测站上做好数据采集准备工作（安置仪器，量取天线高，开机）。

② 开始搜索天空 GNSS 卫星信号，直到 GNSS 接收机解算出测站大地坐标（B、L、H），

PDOP 值小于 5（通过遥控器查看）。

③ 进行数据采集前的 GNSS 接收机参数设置（采样间隔 15 s，高度截止角 15°，最少卫星数 4 颗），两个小组的 GNSS 接收机参数设置要一致。

④ 数据采集条件满足后，两个小组约定同步采集起、止时间，数据采集开始。

⑤ 完成观测期间的 GNSS 数据记录工作。

⑥ 采集时间，数据采集工作结束，关机，卸下接收机和基座，装箱。

（4）关机。

在测量结束时，应先关闭主机电源，再撤下所有连接电缆。

4. 静态数据传输

用数据传输线正确连接 GNSS 接收机和计算机，数据线不应有扭曲，接口应直插直拔，不应有扭转。

（1）及时将当天观测记录结果录入计算机，并拷贝成一式两份。

（2）数据文件备份时，宜以观测日期为目录名，各接收机为子目录名，把相应的数据文件存入其子目录下。存放数据文件的存储器应制贴标签，标明文件名、网名、点名、时段号和采集日期、测量手簿应编号。

（3）制作数据文件备份时，不得进行任何剔除或删改，不得调用任何对数据实施重新加工组合的操作指令。

（4）数据在备份后，宜通过数据处理软件转换至 RINEX 通用数据格式，以便与各类商用数据处理软件兼容。

四、注意事项

1. 应记录测站号、仪器号、天线高和观测时间等信息。

2. 记录两个测站的 GNSS 静态相对定位结果。

3. 观测期间不能进行关机操作。

4. 观测时间内不能改变测站号、天线高、采样率和截止高度角等信息。

5. 两台或多台 GNSS 接收机应同时、同步观测 4 颗以上相同的 GNSS 卫星，同步观测时段应在 1 h 以上。

五、考核评分标准

考核标准：GNSS 静态定位测量成绩评定标准见表 7-5。

考核项目：GNSS 静态定位测量的作业过程。

表 7-5　GNSS 静态定位测量成绩评定表

测试内容	分值	操作要求及评分标准	扣分	得分	考核记录
工作态度	10 分	仪器、工具轻拿轻放，装箱正确，文明操作			
操作过程	20 分	熟练、规范、正确			
测量和记录	20 分	方法、过程正确合理			
内外业衔接与传输	10 分	方法正确，操作熟练，结果无误			
内业成果解算	30 分	方法正确、合理，操作熟练			
成果评定	10 分	方法和结果均正确			
合计					

六、练习题

1. GNSS 基线向量网的设计原则是什么？
2. 简述 GNSS 网的布网原则。

项目四　实时动态定位测量（RTK）

一、目的要求

1. 掌握 GNSS-RTK 测量作业的基本原理。
2. 掌握基准站、流动站 GNSS 接收机安置过程。
3. 掌握 RTK 手簿的使用方法。
4. 掌握 GNSS-RTK 坐标测量方法。

二、准备工作

1. 仪器工具：RTK 全套设备。
2. 自备：记录纸、铅笔等工具自备。
3. 人员组织：每 3 人一组，轮换操作。

三、要点及流程

实时动态（RTK）测量定位的基本原理是，在基准站上安置一台 GNSS 接收机（基准站接收机），对所有可见 GNSS 卫星进行连续跟踪观测，并通过无线电发射设备，将观测数据实时地发送给流动的接收机（流动站接收机）。流动站接收机在接收 GNSS 卫星信号的同时，通过无线电接收设备，接收基准站发送的同步观测数据，并载波相位为观测值，按相对定位原理，实时地计算并显示流动站的坐标及其精度。

1. 建立工作项目

在手簿中点击【开始】选择【TPSurvey 程序】，执行【文件→新建任务】，输入任务名称，选择【配置→坐标系管理】配置中央子午线（兰州 105 度，三度带）。

2. 基准站设置

点击【配置→手簿端口配置】以蓝牙连接接收机，选择【测量→启动基准站接收机→进入设置界面】设置点名站点、坐标，差分链路，天线高、截止高度角等。数据发出端口选择外置电台，广播格式选择标准 CMR，高度角 5°～ 15°，PDOP 值为 3 ～ 6 输入天线高度（架设未知点可以不输入），通道号码可自设为 1 ～ 8（注意要和移动站内置电台选择通道 1 ～ 8 一致）。点下脚此处按钮然后输入点名称，确定并保存任务；点击下一步直至结束后，手簿状态显示成功设置基准站。

3. 流动站设置

在手簿中点击【开始】选择【TPSurvey 程序】，点击【配置→手簿端口配置】以蓝牙连接接收机，选择【测量→启动基准站接收机→进入设置界面】设置点名站点、坐标，差分链路，天线高、截止高度角等。数据发出端口选择内置电台，广播格式选择标准 CMR（和基准站）一致，输入天线高度；当看到移动站上已经有差分信号标志和正常搜星达到固定时即可进行下一步操作；将移动站频率和电台频率设置为一致（38400）。

4. 控制点转换（点校正）

点击【键入→*A*、*B* 两点(已知点)】，把 *A*、*B* 已知点坐标输进去。需输入 2 ~ 3 个已知点（两个点保证平面精度四参数转换，三个点保证三维精度七参数转换）。

到一个已知点 *A* 上，当显示 RTK 固定时，点击【测量→测量点 *A*′】。

到另一个已知点 *B* 上，当显示 RTK 固定时，点击【测量→测量点 *B*′】。

点击【测量→点校正】，点左下角【增加】，网格点选择输入的已知点 *A*、*B* 等，GNSS 点选择相应的 GNSS 点 *A*′、*B*′ 等，校正方法选水平和垂直。

把所有的已知点加入进去后，点计算，然后点击【确定】。

5. 坐标测量

点击【测量→测量点】并记录定位结果。

6. 关机

在测量结束时，应先关闭主机电源，再撤下所有连接电缆。

四、注意事项

1. 在操作过程中，同学们要认真对待，尽可能掌握键盘操作功能及软件的使用方法，不懂之处尽快向指导教师提出。

2. 每人提交一份实习报告，分析所测的数据是否符合要求，不符合要求的，要分析原因。

五、考核评分标准

考核标准：实时动态定位测量（RTK）成绩评定标准见表 7-6。

考核项目：实时动态定位测量（RTK）的作业过程。

表 7-6　实时动态定位测量（RTK）成绩评定表

测试内容	分值	操作要求及评分标准	扣分	得分	考核记录
工作态度	10 分	仪器、工具轻拿轻放，装箱正确，文明操作			
操作过程	20 分	熟练、规范、正确			
测量和记录	20 分	方法、过程正确合理			
内外业衔接与传输	40 分	方法正确，操作熟练，结果无误			
成果评定	10 分	方法和结果均正确			
合计					

六、练习题

1. 解释差分 GNSS 的概念。

2. 解释相对定位的涵义。

项目五　GNSS 数据处理（综合性实验）

一、目的要求

1. 熟练掌握 GNSS 数据传输方法和过程。

2. 熟练掌握基线解算方法和过程，掌握 GNSS 网平差方法及相关精度要求。

二、准备工作

1. 仪器工具：计算机及 GNSS 内业处理软件。
2. 自备：记录纸、打印纸、铅笔等工具。
3. 人员组织：每 3 人一组，轮换操作。

三、要点及流程

1. 静态数据处理流程

（1）基线解算。

① 同一级别的 GNSS 网，根据基线长度不同，可采用不同的数学处理模型。但 8 km 内的基线，必须采用双差固定解。30 km 以内的基线，可在双差固定解和双差浮点解中选择最优结果。30 km 及其以上的基线，可采用三差解作为基线解算的最终结果。

② 对于所有同步观测时间短于 35 min 的快速定位基线，应采用符合要求的双差固定解作为基线解算的最终结果。

③ 同一时段观测值基线处理中，二、三等数据采用率都不宜低于 80%。

④ 无论采用单基线模式或多基线模式解算基线，都应在整个 GNSS 网中选取一组完全的独立基线构成独立环，各独立环的坐标分量闭合差应符合下式的规定：

$$\omega_x \leq 2\sqrt{n}\,\sigma$$

$$\omega_y \leq 2\sqrt{n}\,\sigma$$

$$\omega_z \leq 2\sqrt{n}\,\sigma$$

$$\omega \leq 2\sqrt{3n}\,\sigma$$

式中　ω——环闭合差，$\omega = \sqrt{\omega_x^2 + \omega_y^2 + \omega_z^2}$；

　　　n——独立环中的边数；

　　　σ——GNSS 网的精度指标，即 $\sigma = \sqrt{a^2 + (b \cdot d \cdot 10^{-6})^2}$。

⑤ 采用单基线处理模式时，对于采用同一种数学模型的基线解，其同步时段中任一三边同步环的坐标分量闭合差和全长相对闭合差不宜超过表 7-7 的规定。

表 7-7　同步环坐标分量及环线全长相对闭合差的规定（1×10^{-6}）

等级 限差类型	二等	三等	四等	一级	二级
坐标分量相对闭合差	2.0	3.0	6.0	9.0	9.0
环线全长相对闭合差	3.0	5.0	10.0	15.0	15.0

⑥ 对于采用不同数学模型的基线解，需要检核其同步时段中任一三边同步环的坐标分量闭合差和全长相对闭合差按独立环闭合差。同步时段中的多边形同步环，可不重复检核。

⑦ 同一条基线边若观测了多个时段，则可得到多个边长结果。这种具有多个独立观测结果的边就是重复观测边。对于重复观测边的任意两个时段的成果互差，均应小于接收机标称精度的 $2\sqrt{2}$ 倍。

（2）GNSS 网平差处理。

① 当各项质量检验符合要求时，应以所有独立基线组成闭合图形，以三维基线向量及其相应方差协方差阵作为观测信息，以一个点的 WGS-84 系三维坐标作为起算依据，进行 GNSS 网的无约束平差。无约束平差应提供各控制点在 WGS-84 系下的三维坐标，各基线向量三个坐标差观测值的总改正数，基线边长以及点位和边长的精度信息。

② 无约束平差中，基线向量的改正数（$V_{\Delta x}$、$V_{\Delta y}$、$V_{\Delta z}$）绝对值应满足下式要求：

$$V_{\Delta x} \leqslant 3\sigma$$
$$V_{\Delta y} \leqslant 3\sigma$$
$$V_{\Delta z} \leqslant 3\sigma$$

σ 的计算方法同上。

当超限时，可认为该基线或其附近存在粗差基线，应采用软件提供的方法或人工方法剔除粗差基线，直至符合上式要求。

③ 约束平差中，基线向量的改正数与剔除粗差后的无约束平差结果的同名基线相应改正数的较差（$\mathrm{d}V_{\Delta x}$、$\mathrm{d}V_{\Delta y}$、$\mathrm{d}V_{\Delta z}$）应符合下式要求：

$$\mathrm{d}V_{\Delta x} \leqslant 2\sigma$$
$$\mathrm{d}V_{\Delta y} \leqslant 2\sigma$$
$$\mathrm{d}V_{\Delta z} \leqslant 2\sigma$$

σ 的计算方法同上。

当超限时，可认为作为约束的已知坐标与 GNSS 网不兼容，应采用软件提供的或人为的方法剔除某些误差较大的约束值，直至符合上式要求。

（3）成果输出。

① 平差结果应输出国家或地方坐标系的坐标、基线向量改正数、边长、方位角、转换参数及其精度信息。

② 计算完成后，应提供以下资料：

测区和各测站信息；观测值数量、时段起止时刻和持续时间；基线质量检验与分析；平差计算的坐标系统、高程系统、基本常数、起算数据、观测值类型和数据处理方法；平差采用的约束条件、先验误差；平差结果及精度。

2. 操作步骤

（1）打开计算机，启动平差软件。

（2）集中听指导教师讲解和演示数据传输及基线解算和网平差过程，然后分组进行操作（利用各组外业观测数据）。

（3）计算完成后，分别形成基线解算报告和控制网平差报告，打印后附在自己的实习报告后面。

（4）分析自己的解算结果，看看是否满足精度要求，若不合要求，分析原因。

四、注意事项

1. 在解算过程中，同学们要认真对待，尽可能掌握软件的每个功能，不懂之处尽快向指导教师提出。

2. 每人提交一份实习报告，分析所测的数据是否符合要求，不符合要求的基线解算报告和控制网平差报告，不合要求的要分析原因。

五、考核评分标准

考核标准：GNSS 数据处理成绩评定标准见表 7-8。

考核项目：GNSS 数据处理（综合评定）。

表 7-8　GNSS 数据处理成绩评定表

测试内容	分值	操作要求及评分标准	扣分	得分	考核记录
工作态度	10 分	仪器、工具轻拿轻放，装箱正确，文明操作			
操作过程	20 分	熟练、规范、正确			
测量和记录	20 分	方法、过程正确合理			
内外业衔接与传输	10 分	方法正确，操作熟练，结果无误			
内业成果解算	30 分	方法正确、合理，操作熟练			
成果评定	10 分	方法和结果均正确			
合计					

六、练习题

2.11	OBSERVATION DAIA	G （GNSS）	RINEX VERSION/TYPE

teqc 2013Mar15　　　　　　　　　20150317　14：33：05UTCPGM/RUN BY/DATE

MSXP｜IAx86-PII｜bcc32　5.0｜MSWin95→XF｜486/DX+　　　COMMENT

2.10　　OBSERVATION DATA　　M　（MIXED）　　　COMMENT

CHC RINEX 2.0CHC　　　　2015017 143157 UTC　COMMENT

Format：BD950/970　　　　　　　　　　　　COMMENT

guojianxiong20150313 静态　　　　　　　　COMMENT

201220050228　　　　　　　　　　　　　COMMENT

　｜JX3114　　　　　　　　　　　　　　MARKER NAME

　｜3114　　　　　　　　　　　　　　　MARKER NUMBER

　｜xiaoming200　　ECTT　　　　　　　OBSERVER/AGENCY

NA　　　　　TRIMBLE NETRS　　ad　　REC #/TYPE/VERS

CHC-T5　　TRM29659.00　　　　　　ANT #/TYPE

　-2438252.9619　　5038658.0089　　3047165.9326　　APPROX POSITION XYZ

　　1.4679　　0.0000　　0.0000　　　ANTENNA：DELTA H/E/N

HUACE ANT PHASECENTER　　　　　　COMMENT

　　1　1　　　　　　　　　　　　　WAVELENGTH FACT L1/2

　　5　L1　L2　C1　P1　P2　　　#/TYPES OF OBSERV

　　1.0000　　　　　　　　　　　　INTERVAL

teqc edited：all GLONASS satellites excluded　　COMMENT

teqc edited：all SBAS satellites excluded　　COMMENT

teqc edited：all Galileo satellites excluded　　COMMENT

teqc edited：all Compass satellites excluded　　COMMENT

| 2015 | 3 | 13 | 5 | 19 | 26.0000000 | GNSS | TIME OF FIRST OBS |
| | | | | | | | END OF HEADER |

```
 15   3  13  5  19  26.0000000   0    6G12G14G18G22G25G31
  117367482.736    91455245.265    22334289.063        22334304.066
  112123721.218    87369183.230    21336434.742        21336446.910
  111606470.227    86966147.311    21238004.281        21238021.082
  106412507.703    82918883.421    20249626.656        20249637.750
```

根据上述某一类型的 GNSS 数据文件的部分内容数据，回答：这个 RINEX 数据文件的格式属于什么类型？文件中的测站标记名称？接收机型号？天线高为多少？观测到的卫星数目？

项目六　GNSS-RTK/CORS 数字测图

一、目的要求

1. 通过 GNSS-RTK 数字测图实践性教学环节，培养学生理论联系实际、运用科学知识解决实际测绘问题的能力。

2. 熟练掌握 GNSS-RTK／CORS 的使用和数字测图的操作过程。

3. 熟练掌握数字测图绘图软件 CASS 的绘图方法。

4. 掌握小区域的大比例尺数字地图的成图过程与测绘方法。

5. 了解国标测量规范、地形图图式的使用。

6. 通过本次实习促进学生对测量工作的组织能力、团结协作精神、不畏艰难困苦和勇于探索实践等综合素质的提高。

二、准备工作

1. 仪器工具：仪器设备：各组共用 GNSS 基准站，每组配备 GNSS-RTK 1 台。

2. 自备：记录纸、打印纸、铅笔等工具。

3. 人员组织：每 3 人一组，轮换操作。

三、要点及流程

1. GNSS-RTK 外业测量步骤

（1）基准站。

基准站要选择地势较高，视野开阔的地点架设，具体视当地测区条件选择，最好架设在测区中间，以便信号能够更好的覆盖，需要注意的是基准站要保持基本水平。架设好以后按 I 键将主机开机，按电台上的 ON 键将电台开机即可。开机几分钟后，基准站的第一个灯 sta 灯（红灯）每秒闪一次，电台上的 TX 灯（红灯）每秒闪一次，表示基准站正常工作。

（2）流动站。

① 流动站测量文件的建立、坐标系统的建立和有关文件的设置。

② 点校正。根据两个已知校正点校正。

③ 测量数据采集。　　　　　　　　　　，RTK 走走停停测量，连续测量地形点。

2. CORS 外业测量步骤

① 打开 CORS 服务器主机，运行 CORS 服务器软件，确认服务器上的数据传输端口的打开，确保服务器上网络的通畅。

② 移动站开机，确认其处于移动站网络模式状态，并认真观察其接收到的卫星数量及其位置情况。

③ 打开移动站的手簿，开始新建工程【工程→新建工程】，依次按要求填写或选取如下工程信息：工程名称、椭球系名称、投影参数设置、四参数设置（未启用可以不填写）、七参数设置（未启用可以不填写）和高程拟合参数设置（未启用可以不填写），最后确定，工程新建完毕。

④ 在工程建立完成后，启动手簿的蓝牙连接，使之与移动站建立连接关系。

⑤ 蓝牙建立完成后，启动手簿中的网络连接功能，建立移动站的网络连接，当网络连接成功后，建立移动站的电台连接。

⑥ 以上操作完成且没有问题之后，使用预先存在手簿上的坐标转换文件进行坐标转换（比如转换成 80 坐标系），计算坐标转换参数。

⑦ 将对中杆对立在需测的点上，当状态达到固定解，且精度因子在要求范围之内时，利用快捷键开采集并保存数据。

3. CASS 成图

数据采集完成后，需要进行所采集数据的导出和处理，以便进行数字制图。

① 数据采集完成后，关闭移动站、关闭手簿。

② 回到室内，打开手簿，利用手簿的 USB 连接线，连接手簿和计算机，进行数据的传输（或者，直接在手簿关机的情况下取出手簿里的扩张 SD 卡，使用读卡器进行数据的直接读取），并保存到计算机上。

注意：① 绘图：按图式要求进行点、线、面状地物和文字、数字、符号注记。注记文字字体采用仿宋体。

② 等高距为 0.5 m。

③ 图廓整饰内容：采用任意分幅、图名、测图比例尺、内图廓线及其四角的坐标注记、外图廓线、坐标系统、高程系统、图式版本和测图时间。

四、注意事项

1. GNSS-RTK 数字测图

（1）基准站工作期间，工作人员不能远离，要间隔一定时间检查设备工作状态，对不正常情况及时作出处理。

（2）由于基准站除了 GNSS 设备耗电外，还要为 RTK 电台供电，可采用双电源电池供电，或采用汽车电瓶供电。条件许可时，可采用 12V 直流调变压器直接同市电网路连接供电。

（3）在信号受影响的点位，为提高效率，可将仪器移到开阔处或升高天线，待数据链锁定后，再小心无倾斜地移回待定点或放低天线，一般可以初始化成功。

（4）RTK 作业期间，基准站不允许下列操作：

① 关机又重新启动。

② 进行自测试。

③ 改变卫星截止高度角或仪器高度值、测站名等。

④ 改变天线位置。

⑤ 关闭文件或删除文件等。

（5）控制点测量中，接收机天线姿态要尽量保持垂直（流动杆放稳、放直）。一定的斜倾度，将会产生很大的点位偏移误差。如当天线高 2 m，倾斜 10° 时，定位精度可影响 3.47 cm。

（6）RTK 观测时要保持坐标收敛值小于 5 cm。

（7）RTK 作业应尽量在天气良好的状况下作业，要尽量避免雷雨天气。夜间作业精度一般优于白天。

（8）RTK 工作时，参考站可记录静态观测数据，当 RTK 无法作业时，流动站转化快速静态或后处理动态作业模式观测，以利后期处理。

（9）在一个连续的观测段中，应对首尾的测量成果进行检验。检验方法如下：

① 在已知点上进行初始化。

② 复测（两次复测之间必须重新进行初始化）。

2. CORS 数字测图

（1）采用 GPRS 通讯方式连接服务器。

（2）流动站天线保持稳定，进行初始化工作，得到 RTK 固定解。这一时间根据卫星状况、观测环境状况等可能会持续 15 ～ 120 s。

（3）以固定解模式观测普通地物点，连续观测 3 次，取平均值作为最终结果。以固定解模式观测重要地物点，连续观测 5 次，取平均值作为最终结果。

（4）如果不能顺利初始化，可移动流动站天线位置，选择观测条件好的地点进行初始化，然后移动到待测点上。

（5）作业过程中如果发生初始化丢失时，需要重新稳定进行初始化工作，直至得到 RTK 固定解为止。

（6）传输过来的数据是 CORS 的原始数据格式，需要使用附带的数据处理软件对原始数据进行格式转换并输出，其输出格式可以有多种，故应注意选择输出格式（比如，南方的 DAT 文件格式）。

五、考核评分标准

考核标准：GNSS-RTK/CORS 数字测图成绩评定标准见表 7-9。

考核项目：GNSS-RTK/CORS 数字测图的成果验收。

表 7-9　GNSS-RTK/CORS 数字测图成绩评定表

测试内容	分值	操作要求及评分标准	扣分	得分	考核记录
工作态度	10 分	仪器工具轻拿轻放，搬仪器动作规范，装箱正确			
仪器操作	20 分	操作熟练、规范，方法步骤正确、不缺项			
碎部点的选择	10 分	选在地物地貌特征点上，选点灵活、科学、合理			

测试内容	分值	操作要求及评分标准	扣分	得分	考核记录
记录及草图绘制	15 分	清晰、信息齐全			
内业成图	25 分	地物地貌与实地相符，符号利用正确，图形严格分层管理			
精度	10 分	精度符合规范要求			
综合印象	10 分	文明作业，团队合作等			
合计					

六、练习题

（一）个人应提交的资料及成果

1. 原始测量数据文件（DAT 格式）。

2. 1∶500 比例尺地形图。

3. 实习报告。

（二）实习小组应提交的成果及资料

1. 原始测量数据文件（DAT 格式）。

2. 碎步测量草图。

3. 1∶500 比例尺地形图（DWG 格式）。

4. 实习总结。

项目七　利用 RTK 进行工程施工放样

一、目的要求

1. 掌握 GNSS-RTK 测量作业的基本原理。

2. 掌握基准站、流动站 GNSS 接收机安置过程。

3. 掌握 RTK 手簿的使用方法。

4. 掌握 GNSS-RTK 施工放样方法。

二、准备工作

1. 仪器工具：基准站、流动站 GNSS 接收机，蓄电池、电台及发射天线、RTK 手簿。

2. 自备：记录纸、打印纸、铅笔等工具。

3. 人员组织：每 3 人一组，轮换操作。

三、要点及流程

实时动态（RTK）测量定位的基本原理是，在基准站上安置一台 GNSS 接收机（基准站接收机），对所有可见 GNSS 卫星进行连续跟踪观测，并通过无线电发射设备，将观测数据实时地发送给流动的接收机（流动站接收机）。流动站接收机在接收 GNSS 卫星信号的同时，通过无线电接收设备，接收基准站发送的同步观测数据，并载波相位为观测值，按相对定位原理，实时地计算并显示流动站的坐标，根据导航图指示找到放样点的位置。

1. 建立工作项目

在手簿中点击【开始】选择【TPSurvey 程序】，执行【文件→新建任务】，输入任务名称，选择【配置→坐标系管理】配置中央子午线（兰州 105 度，三度带）。

2. 基准站设置

点击【配置→手簿端口配置】以蓝牙连接接收机，选择【测量→启动基准站接收机→进入设置界面】设置点名站点、坐标，差分链路，天线高、截止高度角等。数据发出端口选择外置电台，广播格式选择标准 CMR，高度角 5°～15°，PDOP 值为 3～6 输入天线高度（架设未知点可以不输入），通道号码可自设 1～8（注意要和移动站内置电台选择通道 1～8 一致）。点下脚此处按钮然后输入点名称，确定并保存任务；点击下一步直至结束后，手簿状态显示成功设置基准站。

3. 流动站设置

在手簿中点击【开始】选择【TPSurvey 程序】，点击【配置→手簿端口配置】以蓝牙连接接收机，选择【测量→启动基准站接收机→进入设置界面】设置点名站点、坐标，差分链路，天线高、截止高度角等。数据发出端口选择内置电台，广播格式选择标准 CMR（和基准站）一致，输入天线高度；当看到移动站上已经有差分信号标志和正常搜星达到固定时即可进行下一步操作；将移动站频率和电台频率设置为一致（38400）。

4. 控制点转换（点校正）

点击【键入→A、B 两点(已知点)】，把 A、B 已知点坐标输进去。需输入 2～3 个已知点（两个点保证平面精度四参数转换，三个点保证三维精度七参数转换）。

到一个已知点 A 上，当显示 RTK 固定时，点击【测量→测量点 A'】。

到另一个已知点 B 上，当显示 RTK 固定时，点击【测量→测量点 B'】。

点击【测量→点校正】，点左下角【增加】，网格点选择输入的已知点 A、B 等，GNSS 点选择相对应的 GNSS 点 A'、B'等等，校正方法选水平和垂直。

把所有的已知点加入进去后，点计算，然后点击【确定】。

5. 施工放样

点击【测量→测量点】并记录定位结果，放样道路直线、圆曲线、缓和曲线。

6. 关机

在测量结束时，应先关闭主机电源，再撤下所有连接电缆。

四、注意事项

1. 放样前要准备好测量数据。
2. 放样后要用全站仪作检核，注意测量精度。

五、考核评分标准

考核标准：RTK 施工放样成绩评定标准见表 7-10。
考核项目：RTK 施工放样测量定位的作业过程。

表 7-10　RTK 施工放样成绩评定表

测试内容	分值	操作要求及评分标准	扣分	得分	考核记录
工作态度	10 分	仪器、工具轻拿轻放，装箱正确			
放样元素计算	20 分	计算快速、正确			
根据放样元素进行测设	30 分	方法正确，步骤合理			
校核	10 分	含计算校核测设校核			
测设精度	20 分	点位测设精度满足要求			
综合印象与仪器使用	10 分	仪器使用正确规范、熟练，文明操作			
		合计			

六、练习题

1. 简述差分定位和相对定位的区别有哪些？
2. PTK 采样间隔一般为多长时间？都有哪些规定？
3. PTK 测量中进行点校正的目的是什么？在手簿中如何操作？

附：

测量实验报告（实验　　）

姓名_____学号_____班级_____指导教师_____日期_____

［实验名称］

［目的与要求］

［仪器和工具］

［主要步骤］

［观测数据及其处理］

［体会及建议］

［教师评语］